Claudia Brüchert

Fachbezogene Mathematik für PTA

Mit 47 Abbildungen, 20 Tabellen und 17 QR-Codes

Deutscher Apotheker Verlag

Zuschriften an
lektorat@dav-medien.de

Um die Lesbarkeit dieses Buchs zu verbessern, verzichten wir auf die gleichzeitige Nennung männlicher und weiblicher Sprachformen. Alle Sprachformen schließen Menschen jeden Geschlechts mit ein.

Alle Links zu externen Inhalten wurden zum Zeitpunkt der Drucklegung gewissenhaft überprüft. Wir bitten jedoch um Ihr Verständnis, dass der Deutsche Apotheker Verlag keinen Einfluss auf die dauerhafte Verfügbarkeit externer online-Ressourcen hat und demzufolge keinen zeitlich unbegrenzten Zugang zu diesen Inhalten gewährleisten kann!

Zu den Lösungen

Zu vielen Übungsaufgaben in diesem Buch finden Sie unter diesem QR-Code einen Lösungsvorschlag.

Bibliografische Information der Deutschen Nationalbibliothek
Die Deutsche Nationalbibliothek verzeichnet diese Publikation in der Deutschen National-bibliografie; detaillierte bibliografische Daten sind im Internet unter https://portal.dnb.de abrufbar.

1. Auflage 2023
ISBN 978-3-7692-7944-3
ISBN 978-3-7692-8217-7 (E-Book, PDF)

Birkenwaldstraße 44, 70191 Stuttgart
www.deutscher-apotheker-verlag.de
Printed in Germany

Satz: primustype Hurler GmbH, Notzingen
Druck und Bindung: Aumüller Druck GmbH & Co. KG, Regensburg
Umschlagabbildung: Xuejun li/stock.adobe.com
Umschlaggestaltung: deblik, Berlin

Vorwort

Mathematik – schon das Wort ist für viele ein Schreckgespenst.

Im Apothekenalltag kommen wir trotzdem nicht ganz ohne sie aus. Insbesondere in der Rezeptur geht es nicht ohne die eine oder andere Rechnung.

Dieses Buch soll der Mathematik etwas ihren Schrecken nehmen. Es beginnt hierzu mit den Grundlagen und enthält für dann folgende schwierigere Rechnungen kleine Videos, die die Entwicklung eines Rechenweges besser zeigen, als die Darstellung in rein schriftlicher Form. Ich hoffe, dass wir so eine gute Verständlichkeit für alle erreichen konnten und Sie sich auch ohne eine*n direkte*n Ansprechpartner*in – wie er*sie im Unterricht oder in der Nachhilfe vorhanden ist – im Buch orientieren und den Inhalten folgen können.

Trotzdem möchte dieses Buch auch den Spagat zu den anspruchsvolleren Rechnungen in der Apotheke schaffen – auch hier mit der Intention, dass möglichst alle den dargestellten Rechenwegen folgen können.

Mein Dank gilt zum einen dem Verlag für die Idee zu diesem Buch und der Unterstützung bei der Umsetzung. Zum anderen bedanke ich mich bei allen Ansprechpartnern und der Lektorin für die konstruktive Zusammenarbeit. Und nicht zuletzt danke ich meiner Familie für die Unterstützung – sowohl technisch als auch zeitlich.

Oberasbach, im Frühjahr 2023 Claudia Brüchert

Inhaltsverzeichnis

Abkürzungsverzeichnis

$d_{t_1}^{t_2}$	relative Dichte
aa	zu gleichen Teilen
aa ad	zu gleichen Teilen auf
AEK	Apothekeneinkaufspreis
AMPreisV	Arzneimittelpreisverordnung
AVK	Apothekenverkaufspreis
BfArM	Bundesinstitut für Arzneimittel und Medizinprodukte
c	Stoffmengenkonzentration
c_{eq}	Äquivalentkonzentration
cl	Centiliter
cm	Centimeter
DAB	Deutsches Arzneibuch
DAC/NRF	Deutscher Arzneimittel-Codex/Neues Rezeptur Formularium
dl	Deziliter
dm	Dezimeter
g	Gramm
GKV	Gesetzliche Krankenversicherung
I. E.	Internationale Einheit
kg	Kilogramm
km	Kilometer
l	Liter, Länge
m	Meter, Masse
M	molare Masse
mg	Milligramm
ml	Milliliter
mm	Millimeter
MwSt	Mehrwertsteuer
n	Stoffmenge
ng	Nanogramm
nm	Nanometer
Ph. Eur.	Europäisches Arzneibuch
ppm	parts per million
PSE	Periodensystem der Elemente
t	Tonne, Zeit
V	Volumen
z. B.	zum Beispiel
ZL	Zentrallaboratorium Deutscher Apotheker e. V.
µg	Mikrogramm
µl	Mikroliter
µm	Mikrometer
ρ	absolute Dichte

Rechengrundlagen 1

Keine Angst, es wird nicht schlimm. In der Apotheke braucht man meist nur die Grundrechenarten.

Diese werden im Folgenden kurz erklärt, ebenso wie die Tücken des Taschenrechners. Der Taschenrechner wird uns auch zu den Potenzen und den Brüchen führen.

Außerdem müssen wir auf die wichtigen Umrechnungen von Einheiten schauen. Damit verhindern wir, dass unsere Kunden an einer falschen Dosierung Schaden nehmen.

1.1 Grundrechenarten

Für fast alle Berechnungen in der Apotheke reichen die vier Grundrechenarten aus, die schon aus der Grundschule bekannt sind.

1.1.1 Addition

Die Addition wird auch Zusammenzählen oder Plusrechnen genannt. Das Ergebnis einer Addition heißt Summe.

Hier ist die Reihenfolge der zu addierenden Zahlen (=Summanden) egal.

Es ist also nicht relevant, ob der Kunde in der Apotheke erst einen 10-Euro-Schein und dann eine 2-Euro-Münze gibt, oder ob er das in umgekehrter Reihenfolge tut. In beiden Fällen hat man am Ende 12 Euro in der Hand. Daran ändert sich auch nichts, wenn es mehr oder größere Zahlen werden.

Beispiel:

123 456 + 444 + 57 896 = 444 + 57 896 + 123 456 = 181 796

Oder wie Mathematiker so gerne formulieren:

$a + b = b + a$

1

1.1.2 Subtraktion

Die Subtraktion wird auch Abziehen oder Minusrechnen genannt. Das Ergebnis einer Subtraktion heißt Differenz.

Die Reihenfolge der Zahlen ist hier stets zu beachten!

Es macht einen deutlichen Unterschied, ob man 500 Euro hat und davon 10 Euro abgeben muss, oder ob man 10 Euro hat und 500 Euro zahlen soll.

Beispiel:

$500 - 10 = 490 \neq 10 - 500 = -490$

Mathematisch: $a - b \neq b - a$

1.1.3 Multiplikation

Die Multiplikation heißt auch Malnehmen. Das Ergebnis einer Multiplikation heißt Produkt.

Wie bei der Addition ist hier die Reihenfolge der Zahlen egal.

Wieder ist es für das Ergebnis gleich, ob man von 3 Personen je 2 Euro bekommt oder von 2 Personen je 3 Euro.

Beispiel:

$3 \cdot 2$ Euro $= 6$ Euro $= 2 \cdot 3$ Euro

Mathematisch: $a \cdot b = b \cdot a$

1.1.4 Division

Das Dividieren heißt auch Teilen. Das Ergebnis einer Division heißt Quotient.

Hier ist die Reihenfolge erneut wichtig. Wir können uns das auch wieder gut vorstellen. Angenommen, man hat 10 Muffins und 5 Personen, dann bekommt jeder zwei Muffins. Hätte man nur 5 Muffins, ist aber zu zehnt, dann erhält jeder nur noch ein halbes.

Beispiel:

$10 \div 5 = 2 \neq 5 \div 10 = ½$

Mathematisch: $a \div b \neq b \div a$

1.1.5 Kombinationen

Werden die verschiedenen Rechenarten kombiniert, dann gilt stets „Punkt vor Strich“. Das bedeutet Multiplikation und Division müssen zuerst gerechnet werden. Erst anschließend wird addiert oder subtrahiert.

Das klingt oft etwas abstrakt, deshalb machen wir einige Beispiele. Bei dieser Gelegenheit kann man auch gleich den Taschenrechner prüfen. Einige Modelle können die Punkt-vor-Strich-Regel, andere nicht. Falls der Taschenrechner das nicht kann, dann muss man mit Klammern nachhelfen.

Beispiele:

$15 + 12 \div 4 - 3 \cdot 3$	=	9	falls der Taschenrechner Hilfe braucht, muss man folgende Klammern setzen: $15 + (12 \div 4) - (3 \cdot 3)$
$36 \div 4 + 19 - 8$	=	20	Hier darf der Rechner keine Schwierigkeiten haben.
$40 - 15 \div (35 - 6 \cdot 5)$	=	37	Hilfsklammern: $40 - (15 \div (35 - (6 \cdot 5)))$

1

1.2 Römische Zahlen

Römische Zahlen begegnen uns in der Apotheke in der Regel als Mengenangaben bei Verordnungen.

Sie setzen sich aus Buchstabenkombinationen zusammen. Dabei stehen die Buchstaben für verschiedene Zahlen, die entweder addiert oder subtrahiert werden müssen.

AUF EINEN BLICK

Römische Zahl	I	V	X	L	C	D	M
Zahlenwert	1	5	10	50	100	500	1000

1.2.1 Addition

Stehen mehrere Buchstaben hintereinander, dann werden sie zusammengezählt. Die größere Zahl steht dabei immer vorne.

Beispiele:

II	bedeutet	1 + 1 = 2
XXX	bedeutet	10 + 10 + 10 = 30
LX	bedeutet	50 + 10 = 60

Übung 1

a) XII bedeutet

b) VI bedeutet

c) MM bedeutet

Allerdings dürfen nur maximal drei gleiche Zeichen hintereinanderstehen. Und auch nur I, X, C und M dürfen mehrfach auftauchen. Das stellt uns vor ein Problem: Wie schreiben wir „4"?

1.2.2 Subtraktion

Hier kommt das Minusrechnen ins Spiel. Die Römer haben 4 nicht als 1 + 1 + 1 + 1 geschrieben, sondern als 5 – 1. In römischer Schreibweise sieht das dann so aus: IV. Die kleinere Zahl, welche abgezogen wird, steht vor der größeren Zahl, von der sie abgezogen wird.

Dabei gilt: Zahlzeichen können nur von den beiden nächstgrößeren Zeichen abgezogen werden. Somit darf I nur von V (5) und X (10) abgezogen werden, X darf nur von L (50) und C (100) abgezogen werden, ebenso C nur von D (500) oder M (1000).

Beispiele:

XC	bedeutet	100 – 10 = 90
CM	bedeutet	1000 – 100 = 900

Übung 2

a) IX bedeutet

b) XL bedeutet

c) CD bedeutet

1.2.3 Kombinationen

Diese Regeln können auch kombiniert werden, sodass auch Zahlen darstellbar sind, die nach den obigen Vorschriften noch nicht machbar waren.

XLIX	bedeutet	49	also 50 – 10 + (10 – 1)
XIV	bedeutet	14	also 10 + 5 – 1

1

Übung 3

a) CXIX bedeutet
b) CXXX bedeutet
c) LXI bedeutet
d) XVIII bedeutet
e) XIX bedeutet
f) 98 schreibt man
g) 99 schreibt man

SPICKZETTEL

- Steht die kleine Zahl nach der großen Zahl, wird addiert.
- Maximal drei gleiche Zeichen dürfen nacheinander stehen.
- Steht eine kleine Zahl vor einer großen, wird subtrahiert.
- Einschränkungen:
  - I darf nur von V oder X abgezogen werden,
  - X darf nur von L oder C abgezogen werden,
  - C darf nur von D oder M abgezogen werden.

1.3 Rundungsregeln

Häufig gibt der Taschenrechner viele Nachkommastellen an, die aber nicht alle benötigt werden. Dann macht es unter Umständen Sinn, die Ergebnisse zu runden.

Vorteile des Rundens:
- übersichtlichere Angabe der Zahlen,
- Anpassung an die tatsächliche Genauigkeit,
- Vereinfachung bei Überschlagsrechnungen.

Nachteil des Rundens:
- Die Angaben sind ungenauer. Es gehen also zum Teil Informationen verloren.

Dabei müssen zwei Fragen beantwortet werden:
1. Auf wie viele Stellen soll gerundet werden?
2. Welche Zahlen werden auf und welche abgerundet?

1.3.1 Rundungsstellen

Bevor man rundet, muss man festlegen, wie genau die gerundete Zahl noch sein soll.

Prinzipiell kann man auf jede Ziffer runden, doch nicht alles werden wir in der Apotheke brauchen.

Zehner, Hunderter und Tausender

Rundungen auf Zehner, Hunderter und Tausender sind für die täglich Praxis eher unrelevant, deshalb nur einige kurze **Beispiele**:

12 345	ergibt gerundet auf Zehner	12 350	Die Zehnerstelle ist die letzte Zahl, die nicht Null ist.
12 345	ergibt gerundet auf Hunderter	12 300	Die Hunderterstelle ist die letzte Zahl, die nicht Null ist.
12 345	ergibt gerundet auf Tausender	12 000	Die Tausenderstelle ist die letzte Zahl, die nicht Null ist.

Nachkommastellen

Gängiger in der Apotheke sind Rundungen auf Nachkommastellen. Sinnvolle Rundungen sind hier:

- eine Nachkommastelle bei Ergebnissen von Gehaltsbestimmungen. Auch das Arzneibuch gibt hier eine Nachkommastelle an.
- zwei Nachkommastellen für Stoffe, die auf der Rezepturwaage abgewogen werden müssen.
- vier Nachkommastellen für Stoffe, die auf der Analysenwaage abgewogen werden müssen.

Beispiele:

0,56781	ergibt gerundet auf eine Nachkommastelle	0,6	Es steht also eine Ziffer nach dem Komma.
0,56781	ergibt gerundet auf zwei Nachkommastellen	0,57	Es stehen also zwei Ziffern nach dem Komma.
0,56781	ergibt gerundet auf drei Nachkommastellen	0,568	Es stehen also drei Ziffern nach dem Komma
0,56781	ergibt gerundet auf vier Nachkommastellen	0,5678	Es stehen also vier Ziffern nach dem Komma.

Aber warum bleibt die Zahl, auf die gerundet wird, einmal stehen und einmal ändert sie sich?

Dazu müssen wir betrachten, wann auf- und wann abgerundet wird.

1.3.2 Aufrunden und Abrunden

Runden heißt nicht, dass die Zahl einfach nach der passenden Anzahl Ziffern abgeschnitten wird. Sondern es wird eine Zahl mit der passenden Anzahl Stellen gesucht, die möglichst nahe an der Ausgangszahl liegt.

Zum Runden betrachtet man immer die Ziffer hinter der Stelle, auf die gerundet werden soll.

SPICKZETTEL

Die Ziffern 0, 1, 2, 3 und 4 werden abgerundet.
Die Ziffern 5, 6, 7, 8 und 9 werden aufgerundet.

Abrunden

Abrunden ist einfacher als Aufrunden.

Abgerundet wird bei den Ziffern 0, 1, 2, 3 und 4.

Geht es um Nachkommastellen, dann muss die Zahl einfach in der passenden Länge „abgeschnitten“ werden. Wird auf Zehner, Hunderter oder Tausender gerundet, dann werden hinter der Rundungsstelle nur Nullen geschrieben.

Beispiele:

Rundung auf zwei Nachkommastellen

3,4448	ergibt gerundet	3,44	Man betrachtet die 3. Stelle nach dem Komma.
2,732	ergibt gerundet	2,73	Man betrachtet die 3. Stelle nach dem Komma.

Rundung auf Hunderter

1248	ergibt gerundet	1200	Man betrachtet die Zehnerstelle.
6729	ergibt gerundet	6700	Man betrachtet die Zehnerstelle.

Aufrunden

Aufgerundet wird bei den Ziffern 5, 6, 7, 8 und 9.

Ist die Ziffer hinter der Stelle, auf die gerundet werden soll, zwischen 5 und 9, dann wird die Zahl davor um 1 vergrößert.

Beispiele:

Rundung auf zwei Nachkommastellen

3,4468	ergibt gerundet	3,45	Man betrachtet die 3. Stelle nach dem Komma.
2,738	ergibt gerundet	2,74	Man betrachtet die 3. Stelle nach dem Komma.

Rundung auf Hunderter

1278	ergibt gerundet	1300	Man betrachtet die Zehnerstelle.
6799	ergibt gerundet	6800	Man betrachtet die Zehnerstelle.

ACHTUNG!

Aufpassen muss man besonders, wenn die Zahl, die geändert werden muss, eine 9 ist. Dann ändern sich auch die Zahlen davor noch.

Rundung auf zwei Nachkommastellen

0,999	ergibt gerundet	1,00	Man betrachtet die 3. Stelle nach dem Komma.
2,097	ergibt gerundet	2,10	Man betrachtet die 3. Stelle nach dem Komma.

WICHTIG! Im Ergebnis müssen hier zwei Stellen nach dem Komma stehen, auch wenn es Nullen sind. Die Stellen geben eine Genauigkeit an.

Schreibweise

Wird in einer Aufgabe ein Ergebnis gerundet, dann kennzeichnet man das durch das Zeichen ≈.
Man schreibt also 0,999 ≈ 1,00.

MERKE

Wird auf x Nachkommastellen gerundet, dann müssen auch x Ziffern nach dem Komma stehen.

NOCH MEHR INFOS

Beispiel „Runden"

Übung 4

1. Runden Sie die Zahlen auf eine Nachkommastelle.
   a) 33,42315
   b) 0,21791
   c) 9,99909
2. Runden Sie die Zahlen auf zwei Nachkommastellen.
   a) 33,42315
   b) 0,21791
   c) 9,99909
3. Runden Sie die Zahlen auf vier Nachkommastellen.
   a) 33,42315
   b) 0,21791
   c) 9,99909

1.4 Potenzen und deren Anzeige am Taschenrechner

Potenzrechnungen sind in der Apotheke eher selten. Allerdings sollte man zumindest Zehnerpotenzen sicher lesen und in Dezimalzahlen umschreiben können, da diese häufig im Display des Taschenrechners erscheinen.

1.4.1 Potenzen

Potenzen sind eigentlich nur Abkürzungen für die Multiplikation. Das heißt:

$10 \cdot 10 \cdot 10 \cdot 10$	kann man auch schreiben als	10^4	oder	10000
$2 \cdot 2 \cdot 2 \cdot 2 \cdot 2$	kann man auch schreiben als	2^5	oder	32
$a \cdot a \cdot a \cdot a \cdot a \cdot a$	kann man auch schreiben als	a^6		

In der Rechenreihenfolge werden Potenzen nach den Klammern aber vor allen Grundrechenarten berechnet.

Für viele Menschen sehen negative Potenzen etwas verwirrend aus. Aber eigentlich bleibt das Prinzip das gleiche wie bisher. Der Unterschied besteht nur darin, dass ein Minuszeichen vor der hochgestellten Zahl eine Abkürzung für einen Bruchstrich ist.

10^{-4}	bedeutet also	$\frac{1}{10 \cdot 10 \cdot 10 \cdot 10}$	oder	0,0001
2^{-5}	bedeutet also	$\frac{1}{2 \cdot 2 \cdot 2 \cdot 2 \cdot 2}$	oder	$\frac{1}{32}$
a^{-6}	bedeutet also	$\frac{1}{a \cdot a \cdot a \cdot a \cdot a \cdot a}$	oder	$\frac{1}{a^6}$

Bei den negativen Zehnerpotenzen gilt, dass sich das Komma um so viele Stellen nach links verschiebt, wie die Hochzahl vorgibt.

MERKE

„Hoch null" ergibt immer 1.
Mathematisch: $a^0 = 1$

SPICKZETTEL

Bei Zehnerpotenzen mit positiven Hochzahlen muss das Komma nach rechts verschoben werden.
Bei Zehnerpotenzen mit negativen Hochzahlen muss das Komma nach links verschoben werden.

Beispiele:

$10^3 = 1000$

$10^{-3} = 0{,}001$

$5{,}2 \cdot 10^4 = 52\,000$

$5{,}2 \cdot 10^{-4} = 0{,}00052$

$357^0 = 1$

Übung 5

Berechnung am besten ohne Taschenrechner!

a) $8{,}75 \cdot 10^{5} =$

b) $8{,}43 \cdot 10^{-4} =$

c) $100 \cdot 10^{-2} =$

d) $0{,}234 \cdot 10^{6} =$

e) $20 \cdot 10^{0} =$

f) $0{,}6 \cdot 10^{-1} =$

1.4.2 Anzeige im Taschenrechner

Verschiedene Taschenrechner zeigen 10er-Potenzen sehr unterschiedlich an. Auch die Eingabe variiert. Bei manchen Modellen kann man ganz einfach von links mit dem Eintippen beginnen. Bei anderen muss man von rechts beginnen.

Gibt man die Zahl $6{,}022 \cdot 10^{23}$ in den Taschenrechner ein, so ergeben sich zum Beispiel abhängig vom Modell folgende Anzeigen:

- $6{,}022 \cdot 10^{23}$
- 6,022 E + 23
- $6{,}022^{23}$
- 6,022 23

○ **Abb. 1.1** Taschenrechneranzeigen

Alle diese Anzeigen haben die gleiche Bedeutung, sind aber unterschiedlich leicht zu lesen. Probieren Sie aus, wie Sie ihrem Taschenrechner Potenzzahlen eingeben müssen und welche Anzeige er Ihnen liefert!

Die Standardschreibweise für 10er-Potenzen besteht aus einer Ziffer vor dem Komma und anschließend der „Zehn hoch x". Muss man das in ganze Zahlen oder Dezimalzahlen umschreiben, so wird das Komma verschoben. Einige Taschenrechner können hierbei helfen: Die Taste „Eng" kann das Komma nach rechts verschieben. Ihre Umkehrung mit der gleichen Taste und „Inv" oder „Shift" verschiebt das Komma nach links. Diese Funktion kann man auch zum Umrechnen von Einheiten nutzen (▸ Kap. 1.6).

Übung 6

Gemischte Aufgaben. Berechnung mit dem Taschenrechner erlaubt.

Achtung: Potenz vor Punkt vor Strich!

a) $5 \cdot 10^2 + 5 \cdot 10^2 =$

b) $7{,}5 \cdot 10^3 \cdot 35 \cdot 10^3 =$

c) $0{,}8 \cdot 10^{-1} - 5 \cdot 10^{20} =$

d) $5 \cdot 10^{20} + 5 \cdot 10^{20} =$

e) $5 \cdot 10^2 \cdot 5 \cdot 10^{-2} =$

f) $5 \cdot 10^2 \cdot 55 \cdot 10^{12} =$

1.5 Mittelwert

Mittelwertberechnungen brauchen wir in der Apotheke, um die Qualität von hergestellten, einzeln abgeteilten Arzneimitteln zu kontrollieren oder bei Untersuchungen mit mehreren Messungen.

Man addiert alle Werte, die man gemessen hat, und teilt anschließend durch die Anzahl der Werte.

Beispiel:

Bei einer Messung mit einem Kugelfallviskosimeter wurden folgende Fallzeiten ermittelt: 180 s, 183 s, 185 s, 179 s und 176 s.

Der Mittelwert berechnet sich dann so:

180 s + 183 s + 185 s + 179 s + 176 s = 903 s (Summe der Einzelwerte)

903 s ÷ 5 = 180,6 s (Summe der Einzelwerte ÷ Anzahl der Einzelwerte)

Übung 7

Berechnen Sie die Mittelwerte

1. Gewogen wurden die Kapseln einer Rezeptur und man hat folgende Werte erhalten: 1,5678 g, 1,5467 g, 1,5588 g, 1,5598 g, 1,5643 g, 1,5498 g, 1,5521 g, 1,5555 g, 1,5533 g, 1,5499 g, 1,5534 g, 1,5524 g, 1,5511 g und 1,5601 g.
2. Gemessen wurde der Schmelzpunkt einer Substanz und man erhielt bei drei Messungen die Werte 112 °C, 113 °C und 111,5 °C.

Interessant ist in diesem Zusammenhang häufig auch noch die Abweichung vom Mittelwert, diesen Aspekt werden wir im Kapitel Prozentrechnung wieder aufgreifen (▸ Kap. 3.4.1).

1

1.6 Umrechnen von Einheiten

Das Umrechnen von Einheiten erfreut sich leider keiner besonders großen Beliebtheit. Nichtsdestotrotz sind einige Umrechnungen doch häufig relevant. Allen voran die Umrechnung von Gramm in Milligramm und umgekehrt.

1.6.1 Gängige Einheiten in der Apotheke

Bei den Einheiten und ihrer Umrechnung hilft es, wenn man eine Vorstellung hat, wie viel die entsprechende Einheit etwa ist. Deshalb wird hier immer ein Größenbeispiel angegeben.

Massenangaben

Gramm

Um uns die Menge Gramm (g) vorzustellen, können wir etwa an einen Zuckerwürfel denken. Dieser wiegt in Deutschland zwar 3 Gramm, liefert aber trotzdem ein brauchbares Bild. Gramm begegnet uns in jeder Rezeptur.

Milligramm

Ein Gramm besteht aus 1000 Milligramm (mg). Dafür können wir an die einzelnen Zuckerkristalle denken. Etwa 10 Zuckerkörnchen entsprechen 1 mg. Milligramm ist eine gängige Einheit für die Dosierung vieler Arzneimittel.

Mikrogramm

Das Milligramm besteht aus 1000 Mikrogramm (µg). Für 1 µg wird es mit der Vorstellung schon schwieriger. Ein Kubikmillimeter Luft, das ist ein Würfel mit 1 mm Kantenlänge, würde etwas mehr als ein Mikrogramm wiegen. Das Mikrogramm finden wir z. B. bei der Dosierung von Schilddrüsenhormonen.

Abb. 1.2 Bildliche Vorstellung der Masseneinheiten

Nanogramm

Die nächstkleinere Einheit ist das Nanogramm (ng). 1000 ng sind ein Mikrogramm. Nanogramm findet bei der Dosierung von Botox Verwendung.

Kilogramm

1000 Gramm sind ein Kilogramm. Für ein Kilogramm (kg) stellen wir uns eine Packung Zucker oder auch Mehl vor. Auf Kilogramm stoßen wir in der Apotheke bei größeren

Defekturen oder bei der Berechnung von Arzneimitteldosierungen nach Kilogramm Körpergewicht.

Tonne

Und für die Neugierigen: 1000 Kilogramm sind eine Tonne (t), aber diese ist eher nicht apothekenrelevant. Eine Tonne entspricht etwa einem kleinen Auto oder einem Kaltblutpferd.

Längenangaben

Meter

Ein Meter (m) entspricht etwa der Größe eines drei- bis vierjährigen Kindes. Ein Meter hat 10 Dezimeter oder 100 Zentimeter.

Dezimeter

Ein Dezimeter (dm) sind 0,1 m oder 10 cm. Gebräuchlich ist weniger die Längenangabe an sich als vielmehr die dreidimensionale Variante. Der Kubikdezimeter entspricht einem Liter. Die Länge eines Kugelschreibers entspricht etwa einem Dezimeter.

Zentimeter

100 Zentimeter (cm) sind ein Meter. Zentimeter sind die gängigen Maßangaben beim Anmessen von Kompressionsstrümpfen oder Bandagen. Ein Zentimeter ist etwa die Länge einer Stechmücke.

Millimeter

Ein Millimeter (mm) ist der tausendste Teil eines Meters. Besser vorstellbar ist aber vermutlich, dass ein Zentimeter 10 Millimeter sind. Anwendung finden die Millimeter zum Beispiel bei der Längenangabe von Kanülen.

Weitere Längenangaben

Kilometer: 1 km sind 1000 m.

Mikrometer: 1000 µm sind 1 mm.

Nanometer: 1000 nm sind 1 µm.

1 km

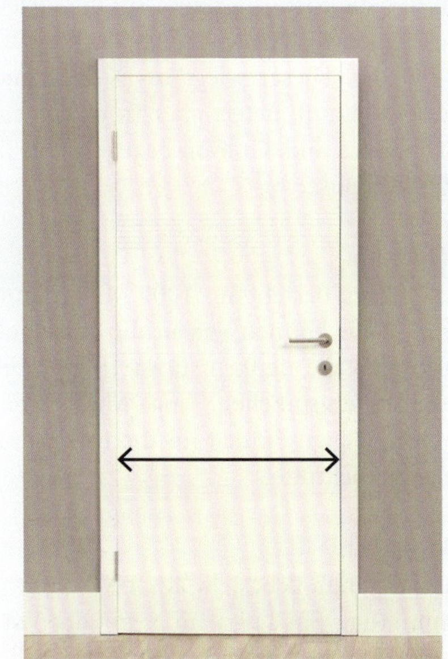

1 m

1 cm

Abb. 1.3 Bildliche Vorstellung der Längeneinheiten

Volumenangaben

Liter

Ein Liter (l) entspricht häufig der Menge in einer Milchflasche oder einem Milchkarton. Um den Bezug zu den Längeneinheiten herzustellen, kann man sich den Liter auch als Würfel mit 10 cm Kantenlänge vorstellen.

Milliliter

Ein Milliliter (ml) ist der tausendste Teil eines Liters, also 0,001 Liter. Das entspricht einem Würfel von 1 cm Kantenlänge. In der Apotheke finden wir die Milliliter-Angabe auf Spritzen, Messlöffeln oder Messbechern für flüssige Arzneiformen.

Mikroliter

Ein Mikroliter (µl) ist ein Tausendstel eines Milliliters oder der Millionste Teil eines Liters. Das liegt im Bereich der Menge Blut, die ein Blutzuckermessgerät benötigt, also etwa ein kleiner Tropfen Blut.

Deziliter

Deziliter ist eine im Alltag weniger gebräuchliche Einheit. Er entspricht einem Zehntel eines Liters, bzw. 100 Milliliter, also etwa der Menge in einem kleinen Glas. In der Apotheke begegnet uns der Deziliter (dl) bei den Angaben der Blutzuckerwerte. Diese sollten zwischen 80 und 120 mg/dl (Milligramm pro Deziliter) liegen. Abweichend davon gibt es auch noch die Angabe mmol/l, das heißt Millimol pro Liter.

1 l

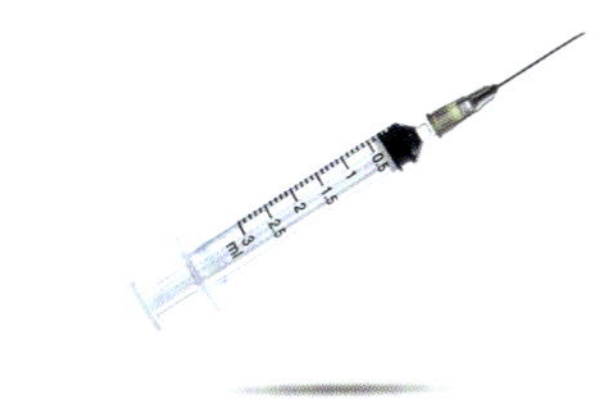

1 ml

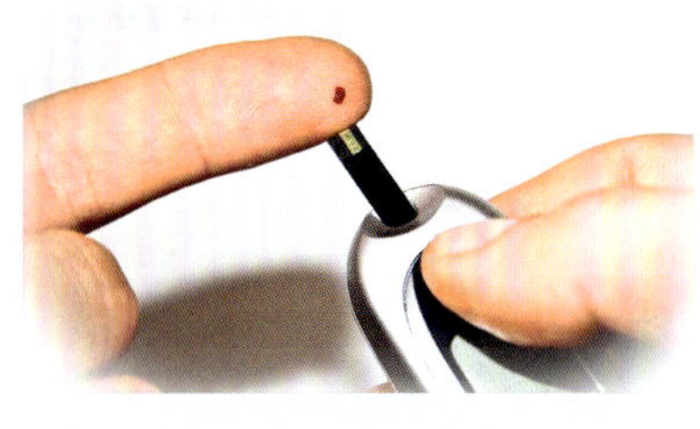

1 µl

Abb. 1.4 Bildliche Vorstellung der Volumeneinheiten

GUT ZU WISSEN

aha

Blutzuckerwerte werden entweder in mg/dl oder in mmol/l angegeben. Jedes Land hat eine bevorzugte Angabe. Aus historischen Gründen werden in Deutschland beide Angaben verwendet. Die mg/dl eher in den westlichen Bundesländern, mmol/l bevorzugt in den östlichen Bundesländern. Die meisten Blutzuckermessgeräte sind entweder mit der Anzeige mg/dl oder mmol/l erhältlich. Bei einigen Geräten kann die bevorzugte Anzeige eingestellt werden.

- 10 mmol/l entspricht etwa 180 mg/l
- 100 mg/l entspricht etwa 5,6 mmol/l

1.6.2 Umrechnungsfaktoren und Vorsilben

Im vorherigen Kapitel haben wir schon verschiedene Einheiten mit Vorsilben wie „Kilo“, „Milli“ und „Mikro“ kennengelernt. Alle diese Vorsilben stehen für einen mathematischen Faktor mit dem man die Einheiten in eine andere Einheit umrechnen kann.

Tab. 1.1 Vorsilben der Einheiten und ihre Bedeutung

Vorsilbe	Abkürzung	Bedeutung	Faktor dezimal	Faktor als Potenz
Kilo	k	tausendfach	1000	10^3
–	–	Grundeinheit	1	1
Dezi	d	Zehntel	10	10^1
Centi	c	Hunderstel	100	10^2
Milli	m	Tausendstel	1000	10^3
Mikro	μ	Millionstel	1 000 000	10^6
Nano	n	Milliardstel	1 000 000 000	10^9

Wie muss man das jetzt lesen und anwenden?

Umrechnung von größerer zu kleinerer Einheit

Die Grundeinheit hat immer keine Vorsilbe und ist unser Bezugspunkt. Nehmen wir eine Masse von 1,62 Kilogramm, dann sind die Gramm unsere Grundeinheit. Müssen wir 1,62 Kilogramm jetzt in Gramm umrechnen, dann wissen wir aus der Tabelle: „Kilo“ heißt 1000.

Also ist 1 Kilogramm gleich 1000 Gramm.

Wir haben aber 1,62 kg, das sind dann 1,62 · 1000 g = 1620 g.

„Mal den Faktor“ muss man immer rechnen, wenn man von der großen Menge/Einheit in eine kleinere Menge/Einheit umrechnet.

Anders ausgedrückt muss das Komma um so viele Stellen nach rechts gerutscht werden, wie der Faktor Nullen hat.

Beispiel 1:

0,075 g sollen in μg umgerechnet werden.

Faktor aus der Tabelle: 1 000 000. Das Komma muss um sechs Stellen nach rechts verschoben werden.

Ergebnis: 0,075 g · 1 000 000 μg/g = 75 000 μg.

Beispiel 2:

5 kg sollen in µg umgerechnet werden.

Dazu geht man am einfachsten in zwei Schritten vor. Zuerst multipliziert man mit dem Faktor zur Umrechnung von Kilogramm nach Gramm: 1 000.

Anschließend rechnet man mit dem Faktor für die Umrechnung von Gramm nach Mikrogramm: 1 000 000. Das Komma muss um sechs Stellen nach rechts verschoben werden.

Ergebnis:

5 kg · 1000 g/kg = 5 000 g

5 000 g · 1 000 000 µg/g = 5 000 000 000 µg.

Übung 8

Umrechnung in die angegebene kleinere Einheit.

Achtung: Bei der letzten Aufgabe muss man in zwei Schritten rechnen, da zwischen Kilogramm und Milligramm noch die Grundeinheit Gramm steht!

a)	25,4	kg	=	g
b)	20	g	=	mg
c)	0,1	l	=	ml
d)	1,63	m	=	cm
e)	0,041	kg	=	mg

Umrechnung von kleinerer zu größerer Einheit

Auch hier braucht man wieder den Faktor aus der Tabelle, aber man rechnet nicht mehr „mal", sondern „geteilt".

Das Komma verschiebt sich dadurch um die Anzahl der Nullen des Faktors nach links.

Beispiele:

- 12,5 ml sollen in Liter umgerechnet werden. Faktor: 1000.
  Also muss man rechnen: 12,5 ÷ 1000 = 0,0125, also 12,5 ml = 0,0125 l.
- 25,3 µg sollen in mg umgerechnet werden. Jetzt wird es etwas schwieriger. Der Faktor in der Tabelle (1 000 000) bezieht sich auf die Umrechnung in Gramm. Rechnet man 25,3 µg ÷ 1 000 000, dann ist das Ergebnis 0,0000253 g! Dieses muss man dann noch in Milligramm umrechnen. Faktor 1000 („Malnehmen", da groß nach klein).
  Gesamtrechnung: 25,3 ÷ 1 000 000 · 1000 = 0,0253, also 25,3 µg = 0,0253 mg.
  Wer es sieht, kann natürlich auch gleich ÷ 1000 rechnen und bekommt das gleiche Ergebnis.

Übung 9

Umrechnen in die angegebene größere Einheit

a) 350	mg	=	g
b) 96,5	g	=	kg
c) 300	µl	=	ml
d) 25	mm	=	cm
e) 19,56	µg	=	mg

MERKE

Beim Umrechnen von einer größeren Einheit in eine kleinere muss der Zahlenwert größer werden.
Beispiel: 1 Gramm sind 1000 Milligramm.
Beim Umrechnen von einer kleineren Einheit in eine größere muss der Zahlenwert kleiner werden.
Beispiel: 1 Milligramm sind 0,001 Gramm.

NOCH MEHR INFOS

Beispiel „Umrechnungen"

1.6.3 Internationale Einheiten

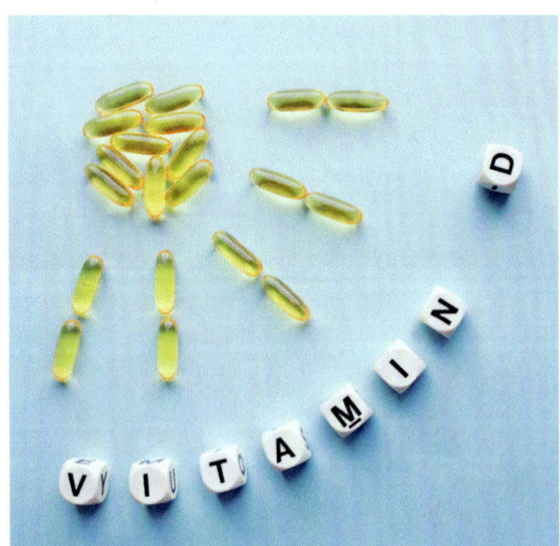

Internationale Einheiten (Abkürzung IE oder I. E.) finden sich in der Apotheke oft bei Heparin, Antibiotika, Insulin oder Vitaminen. Hier wird der Gehalt nicht als Masse angegeben, sondern bezieht sich auf eine physiologische Wirksamkeit. Trotzdem stehen die I. E. in einem bestimmten Verhältnis zur Masse und können auch umgerechnet werden. Dabei ist aber für jeden Stoff das Verhältnis ein anderes.

Mit der Umrechnung solcher Zusammenhänge beschäftigen wir uns im Kapitel Proportionen (▸ Kap. 2.1.2.).

1

GUT ZU WISSEN

aha

Vitamin A (Retinoläquivalent)	1 I. E. = 0,3 µg	1 µg = 3,33 I. E.
Vitamin D	1 I. E. = 0,025 µg	1 µg = 40 I. E.
Vitamin E (RRR-α-Tocopherol)	1 I. E. = 0,67 mg	1 mg = 1,49 I. E.
Humaninsulin, wasserfrei	1 I. E. = 0,035 mg	1 mg =28,57 I. E.

1.7 Auflösen von einfachen Gleichungen

In der Apotheke müssen in der Regel nur einfache Gleichungen mit einer Unbekannten (x) gelöst werden. Dazu muss man nur erreichen, dass das x allein auf einer Seite der Gleichung steht.

Es empfiehlt sich, dieses Auflösen zu lernen und NICHT die vorhandenen Zahlen so lange in verschiedenen Kombinationen in den Taschenrechner einzutippen, bis das Ergebnis scheinbar plausibel ist.

Im Prinzip beschränkt sich das Auflösen auf vier Fälle:

1.7.1 Bei x steht eine Differenz

Minus bekommt man weg, indem man auf beiden Seiten der Gleichung „+" rechnet. Was man rechnet, kann man hinter einen senkrechten Strich am Ende der Gleichung schreiben.

Beispiel:

$25 = x - 7 \qquad | +7$

$25 + 7 = x - 7 + 7$

$32 = x$

1.7.2 Bei x steht eine Summe

Plus bekommt man weg, indem man auf beiden Seiten der Gleichung „–" rechnet.

Beispiel:

$25 = x + 7 \qquad | -7$

$25 - 7 = x + 7 - 7$

$18 = x$

1.7.3 Bei x steht ein Produkt

Mal bekommt man weg, indem man auf beiden Seiten „÷" rechnet.

Beispiel:

$56 = 7x$ | ÷ 7

$56 \div 7 = 7x \div 7$

$8 = x$

1.7.4 Bei x steht ein Quotient

Geteilt bekommt man weg, indem man auf beiden Seiten „·" rechnet.

Beispiel:

$9 = x \div 7$ | · 7

$9 \cdot 7 = x \div 7 \cdot 7$

$63 = x$

Nach diesen Regeln kann man auch Gleichungen lösen, wenn das x komplizierter versteckt ist oder auf beiden Seiten der Gleichung steht.

Beispiel:

$3x + 8 = 8x - 3$ | – 3x auf beiden Seiten

$8 = 8x - 3x - 3$

$8 = 5x - 3$ | + 3

$11 = 5x$ | ÷ 5

$2{,}2 = x$

Übung 10

Aufgabe	**Das muss ich tun**	**Ergebnis**
a) $x - 301 = 413$		
b) $2110 + x = 75$		
c) $13x = 169$		
d) $x \div 15 = 5$		
e) $0{,}5x + 24 = 6x - 10$		

1.8 Brüche

Der Bruchstrich ist nichts anderes als ein ÷ Zeichen. Man könnte also statt ⅓ auch schreiben 1 ÷ 3.

Die Zahl auf dem Bruchstrich heißt Zähler, die Zahl unter dem Bruchstrich heißt Nenner.

$$\frac{\textit{Zähler}}{\textit{Nenner}}$$

Gut vorstellen lassen sich Brüche meist mit Essen. Jeder weiß, was eine halbe (½) Tafel Schokolade oder ein Viertel (¼) einer Pizza ist. Trotzdem erscheint das Rechnen mit Brüchen oft abstrakt, doch auch hier sind nur vier Grundregeln zu beachten.

1.8.1 Multiplikation von Brüchen

Bei der Multiplikation von Brüchen rechnet man Zähler mal Zähler und Nenner mal Nenner.

Beispiel:

$$\frac{6}{7} \cdot \frac{3}{4} = \frac{6 \cdot 3}{7 \cdot 4} = \frac{18}{28} = \frac{9}{14}$$

Am Ende kann man das Ergebnis immer kürzen, wenn sich Zähler und Nenner durch die gleiche Zahl teilen lassen. Hier konnte man 18 und 28 jeweils durch 2 teilen.

1.8.2 Division von Brüchen

Bei der Division von Brüchen muss man „mal Kehrbruch" rechnen, das heißt man tauscht bei dem Bruch, durch den geteilt wird Zähler und Nenner aus.

Beispiel:

$$\frac{6}{7} \div \frac{3}{4} = \frac{6}{7} \cdot \frac{4}{3} = \frac{6 \cdot 4}{7 \cdot 3} = \frac{24}{21} = \frac{8}{7}$$

1.8.3 Addition von Brüchen

Für die Addition von Brüchen muss man zuerst die Brüche auf einen Nenner bringen. Die Brüche brauchen also den gleichen Nenner, damit man weiterarbeiten kann.

Beispiel:

Hat man die Brüche ⅖ und ¾, dann braucht man eine Zahl, die sich sowohl durch 5 als auch durch 4 teilen lässt. Rechnet man 5 mal 4, so ergibt das 20. Man kann also 20 als neuen Nenner nehmen. Man muss beide Brüche im Zähler und im Nenner mit einer Zahl multiplizieren, so dass im Nenner 20 steht. Dann kann man einen gemeinsamen Bruchstrich mit dem neuen Nenner schreiben und im Zähler die Zahlen der Brüche addieren.

$$\frac{2}{5}+\frac{3}{4}=\frac{2\cdot 4}{5\cdot 4}+\frac{3\cdot 5}{4\cdot 5}=\frac{8}{20}+\frac{15}{20}=\frac{8+15}{20}=\frac{23}{20} = 1\frac{3}{20}$$

NOCH MEHR INFOS

Rechenbeispiele online

1.8.4 Subtraktion von Brüchen

Genau wie bei der Addition muss man auch hier die Brüche auf einen gemeinsamen Nenner bringen.

Beispiel:

$$\frac{2}{5}-\frac{1}{2}=\frac{2\cdot 2}{5\cdot 2}-\frac{1\cdot 5}{2\cdot 5}=\frac{4}{10}-\frac{5}{10}=\frac{4-5}{10}=\frac{-1}{10} = -0{,}1$$

Übung 11

a) $\frac{1}{2}+\frac{1}{3}=$

b) $\frac{1}{2}-\frac{1}{3}=$

c) $\frac{1}{2}\cdot\frac{1}{3}=$

d) $\frac{1}{2}\div\frac{1}{3}=$

e) $\frac{1}{2}+\frac{1}{3}-\frac{1}{4}=$

Proportionen – Dreisatz 2

Proportionen, auch bekannt als Dreisatz, sind vermutlich der häufigste Rechenvorgang in der Apotheke. Diese Art der Rechnung brauchen wir bei vielen Rezepturen und immer, wenn mehrere Artikel mit dem gleichen Preis gekauft oder verkauft werden. Ebenso ist sie nötig, wenn Dosierungen von Arzneistoffen berechnet werden müssen.

Bei der Berechnung von Proportionen muss man zwischen direkten und indirekten Proportionen unterscheiden.

2.1 Direkte Proportionen

Direkte Proportionen beschreiben einen Zusammenhang nach dem Prinzip: je mehr, desto mehr.

Mathematisch abstrakt formuliert sagt man:

MERKE
Dem x-fachen der Größe a entspricht das x-fache der Größe b. Daraus ergibt sich, dass das Verhältnis von a zu b konstant ist ($\frac{a}{b}$ = *konstant*).

Einfacher zu verstehen ist ein **Beispiel:**

Wenn zwei Brötchen (Größe b) 80 Cent (Größe a) kosten, dann kosten vier Brötchen 1,60 Euro. Rechnet man nun a ÷ b, dann erhält man in beiden Fällen 40 Cent pro Brötchen.

Diese Art der Berechnung tritt immer auf, wenn eine Rezepturvorschrift vorliegt und eine andere als die angegebene Gesamtmenge hergestellt werden soll.

2.1.1 Teemischungen

Teemischungen sind in der Regel der einfachste Fall, da selten Besonderheiten berücksichtigt werden müssen. Es geht also nur darum, die Mengen der Bestandteile auszurechnen.

Beispiel:

Teemischung

Anis	10,0 T
Kümmel	15,0 T
Fenchel	20,0 T
Gesamtmenge	45,0 T

Hergestellt werden sollen 150,0 g. Berechnet werden muss die korrekte Menge der einzelnen Bestandteile.

GUT ZU WISSEN

Die Abkürzung T steht für Teile und kommt in Rezepturanweisungen häufig vor. Sie kann zum besseren Verständnis durch eine beliebige Masseneinheit ersetzt werden. In der Apotheke wird das meist Gramm sein. Wichtig ist, dass in einer Rezeptur immer die gleiche Masseneinheit steht.
Fehlt eine Einheit vollständig, dann sind Gramm gemeint.

Berechnung mit dem Dreisatz

Die Berechnung kann mit dem klassischen Dreisatz erfolgen. Das bietet sich immer an, wenn die Rezeptur wenige Bestandteile hat.

10,0 g Anis	sind in	45,0 g gesamt
x	sind in	150,0 g gesamt

Diese Überlegung sollte man zur Sicherheit immer schriftlich festhalten und kann sie dann in eine Gleichung „übersetzen“:

$$\frac{10{,}0\,g}{x} = \frac{45{,}0\,g}{150{,}0\,g}$$

Diese Gleichung kann man nun mit den in ▸ Kap. 1.7 besprochenen Methoden auflösen. Falls das schwerfällt, kann auch eine Merkhilfe zu Rate gezogen werden.

MERKE

Die Zahl, die dem x schräg gegenüber steht kommt in den Nenner. Alle anderen Zahlen als Produkt in den Zähler.

In beiden Fällen erhält man die Gleichung:

$$x = \frac{10{,}0\,g \cdot 150{,}0\,g}{45{,}0\,g}$$

Und das Ergebnis: x = 33,33 g Anis sind einzuwiegen.

Die analoge Berechnung

$$y = \frac{15{,}0\,g \cdot 150{,}0\,g}{45{,}0\,g},\ z = \frac{20{,}0\,g \cdot 150{,}0\,g}{45{,}0\,g}$$

ergibt dann für Kümmel y = 50,00 g und für Fenchel z = 66,67 g Einwaage.

Teemischung	Angabe	Einwaage
Anis	10,0 T	33,33 g
Kümmel	15,0 T	50,00 g
Fenchel	20,0 T	66,67 g
Gesamtmenge	45,0 T	150,00 g

Berechnung mit Faktor

Bei Rezepturen mit vielen Bestandteilen bietet sich die Berechnung mit einem Faktor an.

Der Faktor berechnet sich als Quotient aus der gewünschten Endmenge (hier 150,0 g) und der durch die Vorschrift vorgegebenen Endmenge (hier 45,0 g).

Der Faktor ist in unserem Beispiel:

$$F = \frac{150{,}0\,g}{45{,}0\,g} = 3{,}333333333$$

Wichtig ist hier den Faktor nicht zu runden, damit die Genauigkeit der Berechnung am Ende auch noch stimmt.

Von Vorteil ist es, den Faktor im Taschenrechner zu speichern, dann spart man sich das erneute Eintippen. In der normalen Apothekenpraxis reicht es, die Stellen eines einfachen Taschenrechners zu verwenden, also etwa acht Nachkommastellen. Sollte der Taschenrechner mehr Stellen anzeigen, dann kann man diese getrost weglassen.

In unserem Beispiel sieht das dann so aus:

Teemischung	Angabe	„mal Faktor"	Einwaage
Anis	10,0 T	· 3,33333333 =	33,33 g
Kümmel	15,0 T	· 3,33333333 =	50,00 g
Fenchel	20,0 T	· 3,33333333 =	66,67 g
Gesamtmenge	45,0 T	· 3,33333333 =	150,00 g

Abkürzungen in Rezepturen

In Rezepturvorschriften tauchen immer wieder die Abkürzungen „aa" und „aa ad" auf.

AUF EINEN BLICK

aa — bedeutet zu gleichen Teilen.
Es werden von allen Substanzen, auf die sich das „aa" bezieht, die gleichen Mengen eingewogen.

aa ad — bedeutet zu gleichen Teilen auf ... ergänzen.
Es werden von allen Substanzen, auf die sich die Abkürzung bezieht, die gleichen Mengen eingewogen. Dabei muss am Ende die angegebene Gesamtmasse erreicht werden.

Beispiel:

	Angabe	ergänzte Angabe	Einwaagen für 120,00 g Mischung
Substanz A		5,0	8,00 g
Substanz B		5,0	8,00 g
Substanz C	aa 5,0	5,0	8,00 g
Substanz D		30,0	48,00 g
Substanz E	aa ad 75,0	30,0	48,00 g

Die Abkürzung „aa" bezieht sich hier auf die Substanzen A, B und C, „aa ad" auf die Substanzen D und E.

Die Gesamtmenge beträgt 75,0. Die Substanzen A bis C haben zusammen 15,0 Einwaage, also müssen D und E zusammen 60,0 wiegen. 60,0 ÷ 2 = 30,0 für jede der beiden Substanzen.

Sollen insgesamt 120,00 g der Mischung hergestellt werden, dann ergeben sich die Werte in der letzten Spalte.

NOCH MEHR INFOS

Rechenbeispiel online

Übung 1

Teemischung 1

Kamillenblüten	20,0 T
Lindenblüten	20,0 T
Hagebuttenschalen	15,0 T

Herzustellen sind 250,0 g der Mischung.

Berechnen Sie die Mengen der einzelnen Bestandteile.

Teemischung 2

Kamillenblüten	
Lindenblüten	aa 15,0
Holunderblüten	
Weidenrinde	
Hagebuttenschalen	aa ad 90,0

Herzustellen sind 300,0 g der Mischung.

Berechnen Sie die Mengen der einzelnen Bestandteile.

2.1.2 Halbfeste Zubereitungen

Die Berechnung solcher Zubereitungen erfolgt genauso wie bei den Teezubereitungen. Zusätzliche Rechen-Schwierigkeiten können sich nur ergeben, wenn flüssige Stoffe – statt sie abzuwiegen – mit einem Normaltropfenzähler zugegeben werden sollen oder Grundlagen erst noch hergestellt und berechnet werden müssen.

Angaben in Tropfen oder Internationalen Einheiten

Manchmal werden Stoffe in der Rezeptur mit einer Tropfenanzahl angegeben. Die restlichen Substanzen werden in der Regel eingewogen. Dann ist es nötig, die Tropfenmenge in eine Masse umzurechnen. Dabei hilft die Anlage E des DAC.

Ähnliches gilt, wenn die Substanz in Internationalen Einheiten angegeben ist. Auch dann muss erst die einzuwiegende Masse berechnet werden. Diese wird dann allerdings auch abgewogen.

2

Angabe in Tropfen

Beispiel:

Nasenemulsion mit Lavendel- und Rizinusöl

	Verordnung	Einwaagen
Lavendelöl	5 gtt (Tropfen)	0,095 g (abgemessen als 5 Tropfen)
Lanolin DAB		14,95 g
Natives Rizinusöl	aa ad 30,0 g	14,95 g

Anlage E des DAC: 1 Tropfen Lavendelöl wiegt etwa 19 mg.

Bei der Herstellung wird das Lavendelöl tropfenweise mit dem Normaltropfenzähler zugegeben. Um die Mengen der beiden anderen Bestandteile zu berechnen, muss aber die Masse des Lavendelöls bekannt sein.

Berechnung

Lavendelöl:

1 Tropfen entspricht 19 mg

5 Tropfen entspricht x

$x = 5 \cdot 19\,mg = 95\,mg = 0{,}095\,g$

Lanolin und Rizinusöl: (aa ad 30,0 g, also gleiche Mengen)

$(30{,}0\,g - 0{,}095\,g) \div 2 = 14{,}95\,g$ (gerundet)

Angabe in Internationalen Einheiten

Ist ein Stoff in Internationalen Einheiten (I. E.) angegeben, muss berechnet werden, welche Masse tatsächlich eingewogen werden muss. Dazu ist eine Angabe nötig, wie hoch die Aktivität (I. E. pro Gramm) der Ausgangssubstanz ist.

	Verordnung	Einwaagen
Nystatin, mikrofein gepulvert	7 000 000 I. E.	1,16 g
Anionische hydrophile Creme DAB	ad 100,0 g	98,84 g

Das in der Apotheke vorhandene Nystatin hat eine Aktivität von 6031 I. E. pro mg.

Berechnung

6031 I. E. entspricht 1 mg

7 000 000 I. E. entspricht x

$x = 7\,000\,000\text{ I. E.} \cdot 1\,mg \div 6031\text{ I. E.} = 1160{,}66987\,mg \approx 1{,}16\,g$

Herstellung von Bestandteilen

Ist eine Rezeptur gegeben, bei der zum Beispiel die Grundlage nicht in der Apotheke vorrätig ist, dann kann man diese entweder bestellen, in größerer Menge herstellen oder in genau passender Menge anfertigen. Das jeweilige Vorgehen hängt vom Bedarf und damit der Wirtschaftlichkeit ab.

Beispiel: Lipophile Dexpanthenol-Creme 5 % NRF 11.29.

	Verordnung	**Einwaagen** für 200,0 g (Faktor = 2)
Dexpanthenol	5,0 g	10,0 g
Gereinigtes Wasser	30,0 g	60,0 g
Citronensäure	0,03 g	0,06 g
Mittelkettige Triglyceride	7,0 g	14,0 g
Wollwachsalkoholsalbe DAB	ad 100,0 g	115,94 g

Es sollen 200 g der Creme hergestellt werden und die Wollwachsalkoholsalbe soll in genau passender Menge dafür angefertigt werden.

Wollwachsalkoholsalbe DAB besteht aus Cetylstearylalkohol 0,5 T, Wollwachsalkohol 6 T und Weißem Vaselin 93,5 T.

Für die Rezeptur bietet sich die Berechnung mit Faktor an: gegebene Menge 100 g, gewünschte Menge 200 g, also Faktor = 200 ÷ 100 = 2.

Berechnung der Grundlage

Insgesamt sind 115,94 g Wollwachsalkoholsalbe DAB nötig. Auch hier kann man wieder gut mit dem Faktor rechnen. Die Vorschrift für die Wollwachsalkoholsalbe ergibt eine Gesamtmenge von 100 Teilen, oder auch Gramm.

Faktor F: 115,94 ÷ 100 = 1,1594, damit ergibt sich für

- Cetylstearylalkohol: 0,5 g · 1,1594 = 0,58 g
- Wollwachsalkohol: 6,0 g · 1,1594 = 6,96 g
- Weißes Vaselin: 93,5 g · 1,1594 = 108,40 g

Übung 2

1. Hergestellt werden sollen 75 g von folgender Rezeptur:

Triamcinolonacetonid	0,1 g
Zinkoxidschüttelmixtur	ad 100,0 g

Die Vorschrift für die Zinkoxidschüttelmixtur lautet:

Zinkoxid	20,0 T
Talkum	20,0 T
Glycerol 85 %	30,0 T
Gereinigtes Wasser	ad 100 T

2. Hergestellt werden sollen 50 g einer Nystatin-Suspension mit 50 000 I. E./g in Glycerol 85 %.

Nystatin, mikrofein		50 000 I. E. pro GRAMM!
Glycerol 85 %	ad	50,0 g

Das vorhandene Nystatin hat eine Aktivität von 5890 I. E./mg.

2.1.3 Lösungen

Auch hier ändert sich das Rechenprinzip nicht. Allerdings muss häufig die Dichte der Lösungen mit in die Überlegung einbezogen werden. Das trifft besonders alkoholische Lösungen (▸ Kap. 4; ▸ Kap. 5).

2.1.4 Stammzubereitungen

Stammzubereitungen sind Mischungen aus einem Wirkstoff und einem indifferenten Hilfsstoff. Sie werden verwendet, wenn sehr kleine Mengen Wirkstoff nötig sind. Die Wägegenauigkeit wird erhöht und der Wirkstoff kann leichter verarbeitet werden. Auch die Arbeitssicherheit wird erhöht, indem leicht staubende Stoffe zu flüssigen oder halbfesten Stammzubereitungen verarbeitet werden. Beispiele für hierfür sind Salicylsäure oder Vitamin-A-Säure.

GUT ZU WISSEN

Gründe für die Verwendung von Stammzubereitungen

- Erhöhung der Wägegenauigkeit
- Arbeitsschutz
- leichtere Verarbeitung

Konzentrationsangaben von Stammzubereitungen

Für die Angabe des Gehalts von Stammzubereitungen gibt es verschiedene Möglichkeiten, die für die Berechnung der Einwaagemenge unterschieden werden müssen.

1 + x

1 Teil Wirkstoff wurde mit x Teilen Hilfsstoff gemischt.

Liegt eine Mischung aus Salicylsäure und Vaseline mit der Angabe 1 + 4 vor, dann bedeutet dies, dass 1 Teil Salicylsäure und 4 Teile Vaseline gemischt wurden.

GUT ZU WISSEN

aha

Die Mischung aus Salicylsäure und Vaseline kommt häufiger vor und wird oft unter dem Namen Salicylvaseline verordnet.

NOCH MEHR INFOS
Rechenbeispiel online.

1 = x

1 Teil Wirkstoff ist in x Teilen Stammzubereitung.

Die Salicylvaseline mit 1 + 4 kann auch mit 1 = 5 angegeben werden. 1 = 5 bedeutet dann 1 Teil Salicylsäure in 5 Teilen der Mischung.

x %

x Gramm Wirkstoff sind in 100 g Stammzubereitung.

Für die Angabe in Prozent kann man die „1 = x"-Angabe von oben umrechnen. Dazu gibt es zwei mögliche Denkansätze:

1. Dreisatz
   Für die Übersichtlichkeit rechnen wir mit y statt mit x für die Prozentangabe.
   Allgemeiner Ansatz:

   1 entspricht x
   y entspricht 100 %

   Für unser Beispiel:

   1 entspricht 5
   y entspricht 100 %

   $$y = \frac{1}{5} \cdot 100\ \% = 20\ \%$$

2. Prozentrechnung (▸ Kap. 3)
   - 1 ist der Prozentwert P
   - 5 ist der Grundwert G
   - y ist der Prozentsatz.

   $$y = \frac{P}{G} \cdot 100\ \% = \frac{1}{5} \cdot 100\ \% = 20\ \%$$

Übung 3

1 + x	1 = x	x %
1 + 9		
1 + 99		
1 + 999		
1 + 19		
	1 = 50	
	1 = 2	
	1 = 3	
		25 %
		20 %
3 + 97		

Allgemeiner Rechenweg bei der Verwendung von Stammzubereitungen

SPICKZETTEL

RECHENWEG BEI REZEPTUREN MIT STAMMZUBEREITUNG

1. Menge an Reinsubstanz in der Rezeptur berechnen, wenn diese z. B. in Prozent angegeben ist.
2. Berechnung der Menge an Stammzubereitung, die die notwendige Menge an Reinsubstanz enthält.
3. Berechnung der restlichen Bestandteile der Rezeptur.

Beispiel:

Rp.

Tretinoin	0,025	
Butylhydroxytoluol	0,02	als Oxidationsschutz für Tretinoin
Basiscreme DAC	ad 50,0	

Zur Verfügung stehen:

- Für Tretinoin eine Stammverreibung 1 = 50
- Für Butylhydroxytoluol (BHT) eine Stammlösung 0,5 %

Berechnung

Die Menge an Reinsubstanz muss hier nicht berechnet werden, sondern kann einfach abgelesen werden, also 0,025 g Tretinoin und 0,02 g BHT.

1. Tretinoin:

   0,025 g Reinstoff in x Stammverreibung

   1,0 g Reinstoff in 50,0 g Stammverreibung

   $x = 0{,}025\,g \cdot 50{,}0\,g \div 1{,}0\,g = 1{,}25\,g$

   BHT:

   0,02 g Reinstoff in y Stammlösung

   0,5 g Reinstoff in 100 g Stammlösung

   $y = 0{,}02\,g \cdot 100\,g \div 0{,}5\,g = 4{,}00\,g$

2. Basiscreme DAC:

   50,0 g – Menge Tretinoin-Stammverreibung – BHT-Stammlösung

   $50{,}0\,g - 1{,}25\,g - 4{,}00\,g = 44{,}75\,g$

3. Für die Dokumentation der Rezeptur muss dann genau angegeben werden, was eingewogen wurde, also:

Tretinoin-Stammverreibung 1 = 50	1,25 g
Butylhydroxytoluol-Stammlösung 0,5 %	4,00 g
Basiscreme DAC	44,75 g

Übung 4

1. Herzustellen sind 40,0 g eines Lippenbalsams:

Erdnussöl	7 T
Gelbes Wachs	3 T

   Es müssen 0,24 g α-Tocopherol zur Stabilisierung zugegeben werden.

   Vorhanden ist eine 15 %ige α-Tocopherol-Stammlösung in Erdnussöl. Die Menge muss also von der Erdnussölmenge abgezogen werden.

2. Und noch eine nicht ganz aktuelle Rezeptur, aber gut zum Rechnen:

			Zu verwenden sind:
Atropinsulfat		0,02	Verreibung 1 = 100
Pantocain		0,1	Verreibung 1 = 10
Kaliumsulfat		0,2	Verreibung 1 + 4
Adrenalin		0,006	Lösung 0,1 %
Gereinigtes Wasser	ad	10,0	

2

2.1.5 Droge-Extrakt-Verhältnis

Fertigarzneimittel mit pflanzlichen Drogen lassen sich nur begrenzt vergleichen. Einen Anhaltspunkt liefert die Menge an Droge, die pro Dosis eingesetzt wurde. Um diese zu berechnen, braucht man das Droge-Extrakt-Verhältnis.

BERATUNGSTIPP

Pflanzliche Präparate kann man nur dann exakt vergleichen, wenn genau das gleiche Extraktionsmittel verwendet wurde und auch die Vorgehensweise bei der Herstellung genau gleich war. Nur dann ist gewährleistet, dass die wirksamen Stoffe in der gleichen Menge vorhanden sind. Das gilt auch für das Ausgangsmaterial, Blüten haben ganz andere Inhaltstoffe als Blätter oder Kraut.

Beispiel:

Betrachten wir zwei Angaben von Hustensäften wie sie in der Roten Liste und im Beipackzettel zu finden sind.

Präparat A:

100 ml enthalten: Trockenextrakt aus Efeublättern (2,2 – 2,9 : 1) 0,8 g – Auszugsmittel Ethanol 50 % V/V; Dosierung Erwachsene: 3 × tgl. 5 ml

Präparat B:

100 ml enthalten: Trockenextrakt aus Efeublättern (6 – 7 : 1) 0,87 g – Auszugsmittel Ethanol 40 % V/V; Dosierung Erwachsene: 3 × tgl. 1,8 ml

Folgende Fragen tauchen auf:

1. Sind die Präparate vergleichbar?
   Beide enthalten Trockenextrakt aus den Blättern des Efeus. Das Auszugsmittel ist in beiden Fällen Ethanol, allerdings mit einem kleinen Konzentrationsunterschied. Die Präparate sind nicht ganz identisch, aber annähernd vergleichbar.
2. Welche Menge Efeublätter wurden für eine Dosis beim Erwachsenen verwendet?
   - Präparat A:
     Es wurden 2,2 bis 2,9 g Droge für 1 g Extrakt verwendet.
     In 100 ml sind aber nur 0,8 g Extrakt enthalten, das entspricht 1,76 bis 2,32 g Droge.
     Für eine Einzeldosis von 5 ml wurden somit 88 bis 116 mg Efeu verarbeitet.

NOCH MEHR INFOS

Die ausführliche Berechnung mit den Zwischenschritten finden Sie hier.

   - Präparat B:
     Es wurden 6 bis 7 g Droge für 1 g Extrakt verwendet.
     In 100 ml Saft sind aber nur 0,87 g Extrakt, das entspricht 5,22 bis 6,09 g Droge.
     Für eine Einzeldosis von 1,8 ml wurden somit rund 94 mg bis 110 mg Efeu je Einzeldosis verarbeitet.
     Trotz deutlich geringerer Einnahmemenge enthält Präparat B also die Inhaltsstoffe von etwa der gleichen Menge Efeublätter.

   Wenn der Preis bekannt ist, kann man auch noch die Tagestherapiekosten berechnen. Würden beide Säfte also das gleiche kosten, dann ist der Saft mit der geringeren Einzeldosis hier für den Patienten die günstigere Wahl.

Übung 5

Ein Präparat gegen dyspeptische Beschwerden enthält in einer Hartkapsel: Curcumawurzelstock-Trockenextrakt (13 – 25 : 1) 81 mg – Auszugsmittel 96 % (V/V) Ethanol.

Welche Menge Curcumawurzelstock wurde für eine Kapsel mindestens verarbeitet?

2

2.2 Indirekte Proportionen

Indirekte Proportionen beschreiben einen Zusammenhang nach dem Prinzip: je mehr, desto weniger. Das kennen Sie aus dem Leben, je mehr Personen sich einen Kuchen teilen, desto kleiner müssen die Stücke sein.

MERKE

Mathematisch abstrakt formuliert sagt man: Dem x-fachen der Größe a entspricht das 1/x der Größe b. Daraus ergibt sich, dass das Produkt von a mal b konstant ist (a · b = *konstant*).

Einfacher zu verstehen sind **Beispiele**:

1. Muss ein Patient am Tag 2400 mg Ibuprofen einnehmen, dann ist der Wirkstoffgehalt der Tablette die Größe a. Zur Auswahl stehen Tabletten mit 400 mg, 600 mg oder 800 mg Ibuprofen. Die Anzahl der Tabletten ist die Größe b. Diese muss so gewählt werden, dass das Ergebnis immer die 2400 mg Wirkstoff sind, die der Patient benötigt.

   400 mg/Tbl.:

   $400\,\frac{mg}{Tbl}\cdot b = 2400\,mg$

   b = 6 Tbl

   600 mg/Tbl.:

   $600\,\frac{mg}{Tbl}\cdot b = 2400\,mg$

   b = 4 Tbl

   800 mg/Tbl.:

   $800\,\frac{mg}{Tbl}\cdot b = 2400\,mg$

   b = 3 Tbl

Diese Art der Berechnung brauchen wir in der Apotheke, wenn eine gewünschte Wirkstärke nicht vorrätig oder lieferbar ist, der Patient aber trotzdem eine passende Versorgung bekommen muss.

2. Von einem Arzneimittel, das in 100 ml 1,0 g Wirkstoff enthält, muss ein Patient 20 Tropfen einnehmen. Wie viele Tropfen muss er einnehmen, wenn nur eine Lösung mit 800 mg Wirkstoff in 100 ml zur Verfügung steht.

1,0 g Wirkstoff (in 100 ml) entspricht 20 Tropfen

0,8 g Wirkstoff (in 100 ml) entspricht x

ACHTUNG!
Die Auflösung dieser Gleichung muss anders erfolgen als bei der direkten Proportion!

Die Angabe in 100 ml kann weggelassen werden, da es sich in beiden Fällen um das gleiche Volumen handelt.
Man hat in jeder Zeile Größe a und b und löst dann so auf:

$$1{,}0\,\text{g Wirkstoff} \cdot 20\,\text{Tropfen} = 0{,}8\,\text{g Wirkstoff} \cdot x$$

$$x = \frac{1{,}0\,\textit{g Wirkstoff} \cdot 20\,\textit{Tropfen}}{0{,}8\,\textit{g Wirkstoff}} = 24\,\textit{Tropfen}$$

Der Patient muss von der Lösung mit 0,8 g Wirkstoff 24 Tropfen nehmen.

Tipp: Prüfen Sie das Ergebnis immer auf Plausibilität. Wenn weniger Wirkstoff enthalten ist, dann muss die Einnahmemenge größer sein.

2.2.1 Einwaagekorrekturfaktor

Arzneistoffe können durch ihre Stabilität oder Herstellung einen Gehalt haben, der vom Soll-Wert abweicht. Diese Abweichung kann von Charge zu Charge schwanken. Um zu verhindern, dass die daraus hergestellten Arzneimittel einen zu niedrigen oder in Ausnahmefällen zu hohen Wirkstoffgehalt haben, wird ein Einwaagekorrekturfaktor benötigt. Dieser sollte gleich bei der Eingangskontrolle ermittelt werden. Anschließend wird er auf dem Gefäß und im Rezepturprogramm im Computer vermerkt.

GUT ZU WISSEN
Ein Einwaagekorrekturfaktor wird benötigt, wenn der Wirkstoffgehalt der Substanz vom theoretischen Wert abweicht.

- Ist der Gehalt niedriger (Faktor größer 1), wird immer korrigiert.
- Ist der Gehalt höher (Faktor kleiner 1), wird in der Regel ab 10 Prozent Abweichung die Einwaage korrigiert.
- Der Faktor wird mindestens auf drei Stellen nach dem Komma angegeben.
- Im Herstellungsprotokoll wird die tatsächliche, korrigierte Einwaage angegeben.
- Auf dem Etikett wird immer die Sollmenge angegeben, nie die korrigierte Einwaage.

Beispiel:

Rezeptur	**Verordnung**	**Einwaage mit Faktor**
Erythromycin	2,0 g	2,126 g
Wasserfreie Citronensäure	0,15 g	0,1500 g
Ethanol 96 %	22,5 g	22,50 g
Gereinigtes Wasser	ad 50,0 g	25,22 g

Erythromycin hat einen Einwaagekorrekturfaktor von 1,063.

Man rechnet nun 2,0 g · 1,063 = 2,126 g

Übung 6

1. Bei Präparat A enthält eine Kapsel 1000 I. E. Vitamin D. Bei Präparat B sind es 50 µg je Kapsel.
   1 µg Vitamin D entspricht 40 I. E.; 1 I. E. entspricht 0,025 µg.
   Welches Präparat ist höher dosiert?
2. Von der Erythromycin-Rezeptur aus dem Beispiel oben sollen nun 75 g hergestellt werden. Das in der Apotheke vorhandene Erythromycin hat einen Einwaagekorrekturfaktor von 1,103.

3 Prozent, Promille und ppm

Die Angabe Prozent löst in vielen Menschen sehr ambivalente Gefühle aus. Finden sich Prozentzeichen an Schaufenstern und Regalen, dann üben sie eine starke Anziehungskraft aus. Steht das Prozentzeichen dagegen auf einem Matheblatt, dann treten Fluchtreaktionen auf. Beides ist nicht wirklich sinnvoll. Scheinbare Rabatte verkaufen uns Dinge manchmal teurer als nötig. Andererseits ist Prozentrechnung kein Hexenwerk, sondern lediglich ein Sonderfall der direkten Proportion.

In der Apotheke kommen wir in vielfältiger Weise in Kontakt mit Prozent und den verwandten ppm. Seltener treten Promille in Erscheinung. Das beginnt mit den Gehaltsangaben von Zubereitungen, begleitet uns in den Untersuchungen von Ausgangsstoffen, Qualitätsprüfungen von selbst hergestellten Arzneimitteln und führt uns bis zu Ein- und Verkauf mit Brutto- und Nettoangaben, Preisberechnungen, Rabatten und Skonti.

Sowohl Prozent als auch Promille und ppm geben einen Anteil an einer Gesamtmenge an. Nur diese unterscheidet sich bei den drei Angaben. Prozent bedeutet „von 100", man setzt also die Gesamtmenge gleich Hundert. Promille heißt „von 1000" und ppm sind „parts per million", also Teile in einer Million Teilen.

AUF EINEN BLICK

Prozent heißt „von Hundert"	1 % = 1/100 = 0,01
Promille heißt „von Tausend"	1 ‰ = 1/1000 = 0,001
ppm heißt „parts per million"	1 ppm = 1/1000000 = 0,000001

3.1 Gehaltsangaben von Zubereitungen

Der Gehalt von pharmazeutischen Zubereitungen wird häufig in Prozent angegeben. Allerdings gibt es dabei oft noch einen Zusatz zum Prozentzeichen, der angibt, auf welche physikalische Größe sich die Angabe in Prozent bezieht. Man unterscheidet Massenprozent, Volumenprozent und Massen-Volumen-Prozent.

Weitere Möglichkeiten für Gehaltsangaben finden Sie im Kapitel Stöchiometrie (▸ Kap. 8.1).

3.1.1 Massenprozent

Massenprozent gibt an, wie viel Gramm eines Stoffes in 100 Gramm der Mischung enthalten sind. Geschrieben werden Massenprozent entweder als % m/m oder % (m/m). Aber Achtung, da Massenprozent sehr häufig vorkommt, lässt man den Zusatz bei Gehaltsangaben auch häufig weg.

Die Angabe Hydrocortison 0,5 % in Basiscreme DAC

- bedeutet: In 100 g der Mischung sind 0,5 g Hydrocortison enthalten. Für die Menge der Basiscreme muss man noch 100 g – 0,5 g = 99,5 g rechnen. Das wären dann 99,5 % Basiscreme (99,5 g in 100 g Mischung).
- kann auch als 0,5 % m/m Hydrocortison oder 0,5 % (m/m) Hydrocortison geschrieben werden.

3.1.2 Volumenprozent

Volumenprozent geben einen Gehalt in Milliliter pro 100 Milliliter an. Hier ist zwingend der Zusatz % (V/V) bzw. % V/V erforderlich. Diese Angabe findet sich oft bei Alkohol-Wasser-Mischungen.

GUT ZU WISSEN

Die Zahlenwerte der Volumen- und Massenprozentangaben unterscheiden sich. Deshalb ist besonders bei Alkoholen wichtig, darauf zu achten, welche Angabe gemeint ist.
Ethanol 70 % (V/V) hat einen Gehalt von 62,4 % (m/m).

Die Angabe Ethanol 70 % (V/V)

- bedeutet 70 Milliliter Ethanol in 100 ml Mischung. Der zweite Bestandteil ist Wasser.
- wären in Massenprozent 62,4 g Ethanol in 100 g Mischung.

3.1.3 Massen-Volumen-Prozent

Hier wird die Menge an Stoff in Gramm angegeben, welche sich dann in 100 Milliliter Mischung befindet. Man schreibt dann % (m/V).

Die Bariumchlorid-Lösung R1 des Arzneibuchs enthält 6,1 % (m/V).

- Das bedeutet, es sind 6,1 g Bariumchlorid in 100 ml fertiger Lösung.

Bei vielen Reagenzien wechselt das Arzneibuch inzwischen zur Angabe g/l^{-1} (g/l bedeutet Gramm pro Liter). Da ein Liter 1000 ml und nicht 100 ml hat, wären es für die Bariumchlorid-Lösung R1 dann 61 g/l^{-1}.

3.2 Rechnen mit Prozent – Allgemein

3.2.1 Rechengrößen

Grundwert

Der Grundwert G gibt die Gesamtmenge an, auf die sich die anderen Werte beziehen. Für Rezepturen und Reagenzien ist der Grundwert 100 Prozent.

Abweichungen von den 100 Prozent gibt es erst, wenn mit Geld gerechnet wird (▸ Kap. 3.6).

Prozentwert

Der Prozentwert W (manchmal auch P oder PW) gibt die Menge an, die ein Anteil der Gesamtmenge ausmacht, also zum Beispiel die Masse an Bariumchlorid in der Bariumchlorid-Lösung.

Der Prozentwert ist bei Reagenzien und Rezepturen immer kleiner als der Grundwert. Beide sollten die gleiche Einheit haben. Einzige Ausnahme sind die Massen-Volumen-Prozent.

Prozentsatz

Der Prozentsatz p ist die eigentliche Prozentangabe. Er gibt an, wie viel Hundertstel des Grundwertes der Prozentwert ausmacht. Er hat keine Einheit, sondern nur das Prozentzeichen. Man kann den Prozentsatz auch als Dezimalzahl angeben, dann verschwindet das Prozentzeichen. 25 % heißt nichts anderes als 25 von 100 oder 25 ÷ 100 = 0,25.

3

AUF EINEN BLICK

Grundwert	Gesamtmenge, meist 100 %
Prozentwert	Teilmenge des Grundwertes
Prozentsatz	Verhältnis zwischen Prozentwert und Grundwert

3.2.2 Rechenwege

Zur Berechnung haben wir zwei Möglichkeiten, entweder die Verwendung der Formel, die viele aus der Schule kennen dürften, oder die Erstellung einer direkten Proportion mit dem entsprechenden Dreisatz. Beides führt zum richtigen Ergebnis.

Formel

Die Formel setzt sich aus den drei Rechengrößen zusammen und muss nur entsprechend der gesuchten Größe aufgelöst werden.

Formel – Prozent

$$\frac{\text{Grundwert}}{100\ \%} = \frac{\text{Prozentwert}}{\text{Prozentsatz}}$$

$$\frac{G}{100\ \%} = \frac{W}{p\ (in\ \%)}$$

Für das Auflösen der Gleichung kann man nach ▸ Kap. 1.7 vorgehen oder sich das Dreieck ○ Abb. 3.1 zu Hilfe nehmen.

◻ **Tab. 3.1** aufgelöste Formeln zur Prozentrechnung

gesuchte Größe	Formel
Prozentsatz p	$p = \frac{W}{G} \cdot 100\ \%$
Prozentwert W	$W = \frac{G \cdot p}{100\ \%}$
Grundwert G	$G = \frac{W}{p} \cdot 100\ \%$

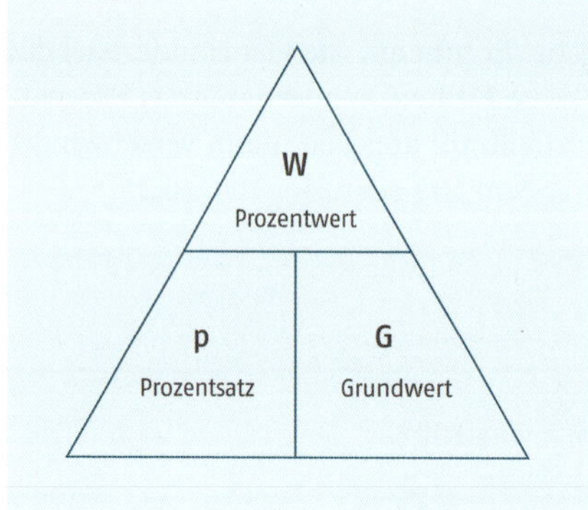

Abb. 3.1 Hilfsdreieck Prozentrechnung

Tab. 3.2 aufgelöste Formeln mit dem Hilfsdreieck

gesuchte Größe	Formel
Prozentsatz p	$p = \frac{W}{G}$
Prozentwert W	$W = G \cdot p$
Grundwert G	$G = \frac{W}{p}$

NOCH MEHR INFOS

Erklärung Hilfsdreieck

Um die Formel nach einer gesuchten Größe aufzulösen, hält man diese im Dreieck einfach zu und sieht dann den passenden Rechenweg. Wichtig dabei ist, den Prozentsatz als Dezimalzahl zu verwenden. Auch das Ergebnis für den Prozentsatz ist dann eine Dezimalzahl ohne Prozentzeichen.

Proportion

Alle, denen die Formel zu schwierig erscheint, können auf die schon bekannte direkte Proportion zurückgreifen.

Allgemeiner Rechenansatz für die Proportion

Grundwert entspricht 100 %
Prozentwert entspricht Prozentsatz

Abhängig davon, was gesucht ist, werden dann Grundwert, Prozentwert oder Prozentsatz zum gesuchten x. Das Auflösen funktioniert immer nach dem Schema „Was dem x schräg gegenüber steht, kommt in den Nenner, alles andere als Produkt in den Zähler" (▸Kap. 2.1.1).

3.2.3 Promille

Die Promillerechnung funktioniert nach dem gleichen Schema wie die Prozentrechnung. Es wird lediglich 100 % immer durch 1000 ‰ ersetzt. Für die Apotheke sind Promille von untergeordneter Bedeutung. Das bekannteste Beispiel ist sicher der Blutalkoholgehalt, der in Promille angegeben wird.

0,5 ‰ Blutalkohol bedeutet, dass pro 1000 g Blutflüssigkeit 0,5 g reines Ethanol enthalten sind.

3.3 Gehalt von Gemischen

Die Berechnung des Gehalts oder der Einwaage bei gegebenem Prozentgehalt ist in der Apotheke für den Patienten lebenswichtig. Schließlich dürfen nur Ausgangsstoffe mit passendem Gehalt verwendet werden, und auch die selbst hergestellten Arzneimittel müssen die korrekte Menge Wirkstoff enthalten.

Beispiele:

1. Eine Reagenzlösung enthält 3,6 g Silbernitrat in 75 g Lösung. Wie viel prozentig ist die Lösung?

   Gegeben:
   3,6 g Silbernitrat, gelöste Substanz, also der Prozentwert W
   75 g Lösung, Gesamtmenge, also Grundwert G

   Gesucht:
   ist folglich der Prozentsatz.

   - Mit dem Dreisatz:
     75 g entspricht 100 %
     3,6 g entspricht x

     $$x = \frac{3{,}6\,g}{75\,g} \cdot 100\,\% = 4{,}8\,\%$$

   - Mit der Formel, aufgelöst:

     $$p = \frac{W}{G} \cdot 100\,\% = \frac{3{,}6\,g}{75\,g} \cdot 100\,\% = 4{,}8\,\%$$

   - Mit der Formel und dem Dreieck:

     $$p = \frac{W}{G} = \frac{3{,}6\,g}{75\,g} = 0{,}048$$

   Antwort: Die Lösung ist 4,8 %ig.

2. Hergestellt werden sollen 60 g der Rezeptur:

   Verordnung

   Harnstoff 5 %

   Hydrocortison 1 %

   Basiscreme DAC ad 60,0

   Gegeben:
   Grundwert G = 60 g
   Prozentsatz $p_{Harnstoff} = 5\,\%$
   Prozentsatz $p_{Hydrocortison} = 1\,\%$

   Gesucht:
   Prozentwert $W_{Harnstoff}$ und $W_{Hydrocortison}$
   60 g entspricht 100 %
   x entspricht 5 % bzw. 1 %

   $W_{Harnstoff} = \frac{5\,\%}{100\,\%} \cdot 60\,g = 3{,}00\,g$ $W_{Hydrocortison} = \frac{1\,\%}{100\,\%} \cdot 60\,g = 0{,}6000\,g$

   Antwort: Es müssen 3,00 g Harnstoff und 0,6000 g Hydrocortison abgewogen werden.

Verordnung	**Einwaagen**
Harnstoff 5 %	3,00 g
Hydrocortison 1 %	0,6000 g
Basiscreme DAC ad 60,0	56,40 g

3. In welcher Menge Bier befinden sich 22,5 ml reiner Alkohol, wenn das Bier einen Gehalt von 4,5 % (V/V) hat?

   Gegeben:
   Prozentsatz p = 4,5 % (V/V)
   Prozentwert W = 22,5 ml

   Gesucht:
   Grundwert G

   Dreisatz:
   G entspricht 100 %
   22,5 ml entspricht 4,5 %

   $G = \frac{100\,\%}{4{,}5\,\%} \cdot 22{,}5\,ml = 500\,ml$

   Formel:

   $G = \frac{W}{p} \cdot 100\,\% = \frac{22{,}5\,ml}{4{,}5\,\%} \cdot 100\,\% = 500\,ml$

   Antwort: 22,5 ml reiner Alkohol sind in 500 ml des Bieres.

Übung 1

1. Sie haben eine Lösung hergestellt, die in 480 g 16 g Schwefelsäure-Reinstoff enthält. Welchen Gehalt hat die Lösung?
2. Stellen Sie 50 g Salicylvaseline 4 % her. Was müssen Sie einwiegen?
3. In welcher Menge Wein befinden sich 22,5 ml reiner Alkohol, wenn der Wein einen Gehalt von 12 % (V/V) hat?

3.4 Qualitätskontrolle und relative Standardabweichung

Im Gegensatz zur Industrie kann in der Apotheke nicht von jedem hergestellten Arzneimittel eine Gehaltsbestimmung der Charge gemacht werden. Um bei einzeln dosierten Arzneiformen wie Kapseln dennoch eine gute Qualität gewährleisten zu können, müssen die Herstellungsschritte validiert sein. Zusätzlich prüft man am Ende, ob die Kapseln alle eine gleichförmige Masse haben. Dafür gibt es zwei Methoden.

3

3.4.1 Prüfung auf Gleichförmigkeit der Masse nach ZL

Diese Methode gibt einen Anhaltspunkt, ob die Kapseln gleichmäßig befüllt wurden. Sie passt bezüglich der Berechnung sehr gut in das Kapitel Prozentrechnung.

Es gelten Grenzwerte nach ◘ Tab. 3.3.

◘ **Tab. 3.3** Prüfung auf Gleichförmigkeit der Masse nach ZL – Grenzwerte (Quelle: https://www.zentrallabor.com/pdf/5-Kapselherstellung_HerstellendePerson.pdf (05.09.2022))

Durchschnittsmasse (Inhalt ohne Kapselhülle)	Max. 2 Kapseln dürfen um mehr als … % von der Durchschnittsmasse abweichen	Keine Kapsel darf um mehr als … % von der Durchschnittsmasse abweichen.
< 300 mg	10 %	20 %
≥ 300 mg	7,5 %	15 %

SPICKZETTEL

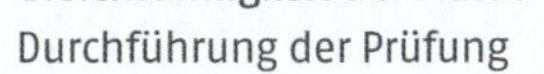

Gleichförmigkeit der Masse

Durchführung der Prüfung

1. 10 Kapselhüllen wiegen und den Durchschnittswert der Masse berechnen.
2. Anschließend 20 hergestellte Kapseln einzeln wiegen.
3. Für jede Kapsel die Masse des Inhalts berechnen.
4. Durchschnittliche Masse des Kapselinhalts berechnen.
5. Für jede Kapsel die prozentuale Abweichung vom Mittelwert ermitteln.

Gekürztes Beispiel:

- Mittelwert von 10 Kapselhüllen: 88,1 mg
- Mittelwert des Inhalts von 20 Kapseln: 295,2 mg
- Drei der Kapseln als Berechnung:

Kapsel	Masse voll	Masse Inhalt	Abweichung vom Mittelwert in mg	Abweichung vom Mittelwert in %
Nr. 1	388,2 mg	300,1 mg	4,9 mg	1,7 %
Nr. 2	373,1 mg	285,0 mg	– 10,2 mg	– 3,5 %
Nr. 3	403,7 mg	315,6 mg	20,4 mg	6,9 %

Rechenweg:

Masse Inhalt = Masse volle Kapsel – Masse Kapselhülle (88,1 mg)

Abweichung vom Mittelwert in mg = Masse Inhalt – 295,2 mg. Sind die Kapseln leichter als der Durchschnittswert, dann ergibt sich ein Minus als Vorzeichen.

$$\text{Abweichung vom Mittelwert in \%} = \frac{\textit{Abweichung vom Mittelwert in mg}}{\textit{295,2 mg}} \cdot 100\ \%$$

Wenn die anderen 17 Kapseln der Prüfung auch so wenig Abweichung vom Mittelwert zeigen, dann dürften die Kapseln problemlos freigegeben werden.

3.4.2 Prüfung auf Masseneinheitlichkeit nach DAC/NRF

Diese Prüfung wird hier der Vollständigkeit halber erwähnt. Der genaue Rechenweg ist deutlich schwieriger, da die relative Standardabweichung benötigt wird. Aber es gibt eine Rechenhilfe in Form einer Exceltabelle im DAC/NRF, die die aufwändige Rechenarbeit abnimmt.

Für die Durchführung sind ähnliche Schritte erforderlich wie bei der ZL-Methode.

Es werden auf der Analysenwaage gewogen:
- eine bestimmte Anzahl Kapselhüllen (meist 10 oder 20) gemeinsam
- eine bestimmte Anzahl befüllte Kapseln (meist 10 oder 20) einzeln

Berechnet wird dann:
- Die durchschnittliche Masse einer Kapselhülle.
- Die Masse des Inhalts der einzelnen Kapseln.
- Die durchschnittliche Masse des Kapselinhalts.
- Die relative Standardabweichung der Masse der Kapseln.

Tab. 3.4 Prüfung auf Masseneinheitlichkeit bei Kapseln nach DAC/NRF

Kapselfüllung	Maximale relative Standardabweichung
Pulver	5 %
Streukügelchen	kein Wert festgelegt, ungenau
Schmelzen	2 %

Für Neugierige:

Die Standardabweichung ist die Wurzel der Varianz. Die Varianz berechnet man, indem man für jeden Wert die Differenz zum Mittelwert bilden, das Ergebnis quadriert, alle Ergebnisse zusammenzählt und durch die Anzahl der Werte teilt.

Die relative Standardabweichung ergibt sich, indem man die Standardabweichung durch den Mittelwert teilt.

3.5 Grenzprüfungen des Arzneibuchs – ppm

Bei den Reinheitsprüfungen der Arzneistoffe werden Obergrenzen für Verunreinigungen angegeben. Da verständlicher Weise möglichst saubere Ausgangsstoffe gefordert werden, verwendet man ppm, also parts per million, als Angabe.

Beispiel:

Chlorid (2.4.4): höchstens 300 ppm

3,3 ml Prüflösung werden mit Wasser *R* zu 15 ml verdünnt.

Eisen (2.4.9): höchstens 100 ppm

2 ml Prüflösung werden mit Wasser *R* zu 10 ml verdünnt. Bei dieser Prüfung sind 0,5 ml Thioglycolsäure *R* zu verwenden.

Abb. 3.2 Monographie Zinksulfat-Heptahydrat

Beispiel:

Bei Zinksulfat-Heptahydrat DAB/Ph. Eur./DAC (je nach Quelle; Abb. 3.2) dürfen maximal 300 ppm Chlorid und maximal 100 ppm Eisenionen enthalten sein.

Wie viel Gramm Chlorid bzw. Eisen können also maximal in einem Kilogramm Zinksulfat-Heptahydrat enthalten sein?

Berechnung

1 ppm bedeutet: 1 g in 1 000 000 g.

300 ppm Chlorid bedeutet dann: 300 g Chlorid in 1 000 000 g Substanz.

Die bestellte Menge ist aber nur 1000 g (1 kg).

300 g in 1 000 000 g
x in 1000 g

$$x = \frac{1000\,g}{1\,000\,000\,g} \cdot 300\,g = 0{,}3\,g$$

Die analoge Rechnung ergibt bei 100 ppm Eisen 0,1 g pro Kilogramm Substanz.

Es dürfen maximal 0,3 g Chloridionen und 0,1 g Eisenionen in einem Kilogramm Zinksulfat-Heptahydrat enthalten sein.

Übung 2

Eine Substanz darf maximal 5 ppm Arsen enthalten. In einer Probe von 50 g Substanz wurden insgesamt 0,2 mg Arsen gefunden. Entspricht die Substanz der Vorgabe?

3.6 Geld, Preise, Rechnungen

3.6.1 Brutto und netto

Brutto und netto sind Bezeichnungen, die bei Abrechnungen, der Mehrwertsteuer und bei Verpackungen auftreten. Wenn Sie auf Ihre Lohnabrechnung sehen, dann stellen Sie fest, dass der Bruttobetrag höher ist als der Nettobetrag.

Die Mehrwertsteuer (MwSt) wird auf Waren und Dienstleistungen erhoben und muss auch von der Apotheke verrechnet werden.

Der aktuelle Mehrwertsteuersatz in Deutschland (Stand März 2023) beträgt

- regulär 19 %, das gilt unter anderem auch für Arzneimittel und Kosmetik,
- ermäßigt 7 %, das gilt z. B. für Lebensmittel, Bücher und Zeitschriften.

Verkauft die Apotheke eine Sonnencreme, dann müssen 19 % MwSt aufgeschlagen werden. Schwieriger wird es bei Tees. Gelten diese laut Zulassung als Arzneimittel, dann sind 19 % MwSt fällig, ist der Tee als Lebensmittel im Umlauf, dann müssen nur 7 % MwSt aufgeschlagen werden.

3

Beispiel:

Eine Sonnencreme kostet netto (= ohne MwSt) 9,87 Euro. Welcher Betrag muss brutto (= mit MwSt) auf dem Preisschild stehen?

9,87 Euro entspricht 100 %	netto
x entspricht 119 %	brutto

$$x = 9{,}87 \text{ Euro} \cdot 1{,}19 \approx 11{,}75 \text{ Euro brutto}$$

Man kann sich also immer den allgemeinen Ansatz zur direkten Proportion überlegen oder sich den Faktor 1,19 (regulär) bzw. 1,07 (ermäßigt) merken.

Vermehrter Grundwert

Etwas komplizierter wird es, wenn man von brutto auf netto umrechnen muss. Als Beispiel dienen hier die beliebten Mehrwertsteuer-geschenkt-Aktionen.

Beispiel:

Ein Artikel kostet brutto 50 Euro und wir bekommen die MwSt geschenkt. Bei der Berechnung muss man nun aufpassen: Die 50 Euro sind der Bruttobetrag, der die Mehrwertsteuer beinhaltet. Er entspricht also 119 %. Gesucht ist der Nettobetrag, dieser entspricht 100 %.

Berechnung

Ausgangswert 50 Euro brutto	also	50 Euro entspricht 119 %
Gesucht netto	also	x entspricht 100 %

$$x = 50 \text{ Euro} \div 1{,}19 \approx 42{,}02 \text{ Euro}$$

Weil unser Ausgangswert (Grundwert) hier ausnahmsweise nicht 100 Prozent entspricht, spricht man von einem **vermehrten Grundwert**.

Effektiv zahlt man 50 Euro – 42,02 Euro = 7,98 Euro weniger. Das entspricht nur knapp 16 % von 50 Euro.

SPICKZETTEL

Umrechnungen in Kurzform

netto → brutto	regulär	netto · 1,19 = brutto
netto → brutto	ermäßigt	netto · 1,07 = brutto
brutto → netto	regulär	brutto ÷ 1,19 = netto
brutto → netto	ermäßigt	brutto ÷ 1,07 = netto

3.6.2 Arzneimittelpreisverordnung (AMPreisV)

Bei Fertigarzneimitteln, die auf Rezept abgegeben werden, kommen zur einfachen Netto-Brutto-Umrechnung noch weitere Aufschläge dazu.

Auszug aus der AMPreisV

§ 3 Apothekenzuschläge für Fertigarzneimittel

(1) Bei der Abgabe von Fertigarzneimitteln, die zur Anwendung bei Menschen bestimmt sind, durch die Apotheken sind zur Berechnung des Apothekenabgabepreises ein Festzuschlag von 3 Prozent zuzüglich 8,35 Euro zuzüglich 21 Cent zur Förderung der Sicherstellung des Notdienstes zuzüglich 20 Cent zur Finanzierung zusätzlicher pharmazeutischer Dienstleistungen nach § 129 Absatz 5e des Fünften Buches Sozialgesetzbuch sowie die Umsatzsteuer zu erheben; bei der Abgabe von saisonalen Grippeimpfstoffen durch die Apotheken an Ärzte sind abweichend ein Zuschlag von 1 Euro je Einzeldosis, höchstens jedoch 75 Euro je Verordnungszeile, sowie die Umsatzsteuer zu erheben.
(Quelle: www.gesetze-im-internet.de; 05.09.2022)

Die Aufschläge werden auf den Apothekeneinkaufspreis ohne Mehrwertsteuer (AEK_{netto}) gemacht.

Beispiel:

Ein Arzneimittel kostet im Einkauf netto 200 Euro. Was kostet es brutto bei der Abgabe an den Kunden?

200 Euro	· 1,03	+ 8,35 Euro	+ 0,21 Euro	+ 0,20 Euro	= 214,76 Euro
↑	↑	↑	↑	↑	↑
AEK_{netto}	3 % Festzuschlag	Festzuschlag	Notdienstzuschlag	Zuschlag pharm. Dienstleistungen	AVK_{netto} Apothekenverkaufspreis netto

Für den Bruttopreis muss nun noch die Mehrwertsteuer dazugerechnet werden:

214,76 Euro · 1,19 = 255,56 Euro.

Für OTC-Arzneimittel kann die Apotheke die Preise frei kalkulieren und darf den Aufschlag selbst festlegen.

Übung 3

1. Ein Fachbuch für die Apotheke kostet inklusive MwSt 35,95 Euro. Was würde es ohne die Steuer kosten?
2. Ein verschreibungspflichtiges Fertigarzneimittel kostet in Einkauf netto 2000 Euro. Welchen Betrag müssen Sie auf das Rezept drucken?

3.7 Rabatte und Skonti

Beim Einkauf in der Apotheke und bei der Abgabe an Kunden trifft man in der Apotheke immer wieder auf die Begriffe Barrabatt, Naturalrabatt und Skonto.

AUF EINEN BLICK

Barrabatt	Preisnachlass	Angabe in Prozent oder Euro
Naturalrabatt	Warenzugabe	Angabe meist als x + y (z. B. 2 kaufen + 1 geschenkt)
Skonto	Preisnachlass	Prozentangabe auf Rechnungen, Barrabatt bei Zahlung innerhalb einer bestimmten Frist

Beispiel:

Für den Wintervorrat will die Apotheke Nasenspray einkaufen. Benötigt werden ungefähr 120 Packungen. Eine Packung kostet im regulären Einkauf ohne jegliche Rabatte 1,50 Euro. Folgende Angebote liegen vor:

Angebot A:

120 Packungen mit einem Rabatt von 12 % und zusätzlich 2 % Skonto auf den Rechnungsbetrag bei fristgerechter Zahlung.

Angebot B:

Naturalrabatt 50 + 10 ohne weitere Vergünstigungen.

Was müsste die Apotheke jeweils für 120 Packungen zahlen?

Berechnung

Angebot A:

regulärer Preis	120 · 1,50 Euro/Pckg. = 180 Euro
12 % Rabatt	180 Euro · 0,12 = 21,60 Euro
Rechnungsbetrag nach Rabattabzug	180 Euro – 21,60 Euro = 158,40 Euro
Skonto 2 % von 158,40 Euro	158,40 Euro · 0,02 ≈ 3,17 Euro
Zahlbetrag	158,40 Euro – 3,17 Euro = 155,23 Euro

MERKE

Rabatte müssen immer nacheinander abgezogen werden. Die Addition der Rabattbeträge führt zu falschen Ergebnissen.
Skonto wird immer nach den anderen Rabatten abgezogen.

Angebot B:

Das Angebot 50 + 10 bedeutet 50 Packungen müssen gezahlt werden, aber 60 Packungen werden geliefert. Es muss zweimal bestellt werden, damit 120 Packungen geliefert werden. Zu zahlen sind dann aber nur 100 (= 2 · 50) Packungen.

Zahlbetrag 100 Packungen · 1,50 Euro/Pckg. = 150 Euro

3.7.1 Verminderter Grundwert

Ähnlich wie beim vermehrten Grundwert bei brutto und netto wird es hier schwieriger, wenn von einem Zahlbetrag zurückgerechnet werden muss auf den ursprünglichen Rechnungsbetrag.

Beispiel:

Sie haben für eine Rechnung 231,04 Euro überwiesen, nachdem 3 % Skonto und 8 % Rabatt abgezogen wurden. Aufgrund einer Rückfrage an den Lieferanten brauchen Sie den ursprünglichen Rechnungsbetrag (Die Rechnung ist nicht griffbereit ☺).

Berechnung

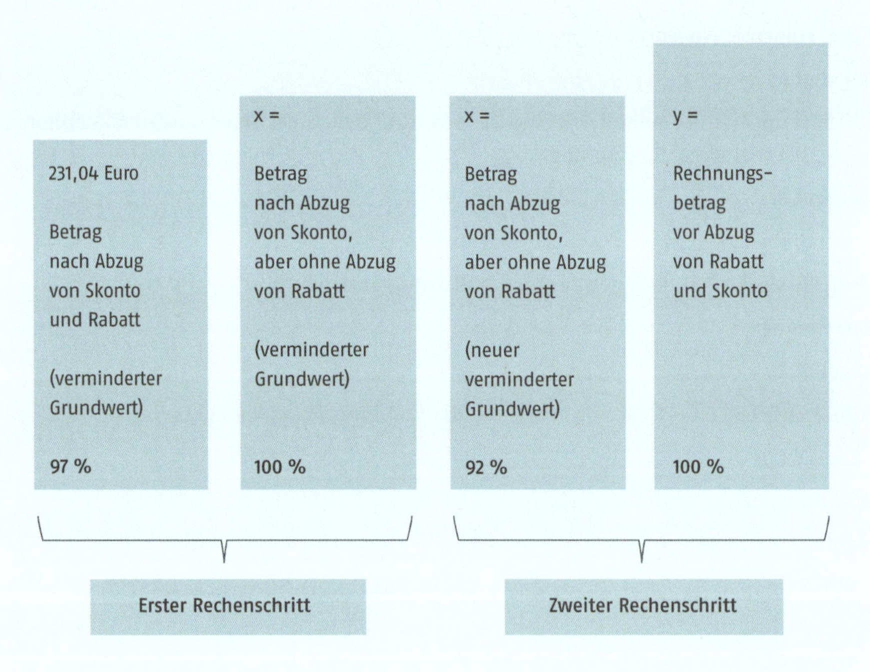

231,04 Euro sind ein um Skonto verminderter Grundwert und entsprechen 97 % (100 % – 3 %).

3 % Skonto dazurechnen	231,04 Euro entspricht 97 %
	x entspricht 100 %
	x = 231,04 Euro ÷ 0,97 ≈ 238,19 Euro
8 % Rabatt dazurechnen	238,19 Euro entspricht 92 %
	y entspricht 100 %
	y = 238,19 Euro ÷ 0,92 ≈ 258,90 Euro

Die 238,19 Euro sind zum einen das Ergebnis des ersten Rechenschritts. Dort entsprechen sie 100 %. Gleichzeitig sind sie aber auch der Ausgangspunkt (neuer verminderter Grundwert) für den zweiten Rechenschritt. Dann entsprechen sie 92 % (100 % – 8 %).

Übung 4

1. Ihr Kunde hat einen Gutschein für 20 % Rabatt auf ein Produkt seiner Wahl. Er kauft zwei Produkte aus der Freiwahl. Eine Creme für 19,80 Euro und einen Schwangerschaftstest für 5,95 Euro. Was muss der Kunde bezahlen?
2. Nach Abzug von 15 % Barrabatt müssen Sie für eine Lieferung 834,57 Euro überweisen. Wie hoch war der ursprüngliche Rechnungsbetrag?

4 Dichte

Umgangssprachlich kennen wir die Dichte eher als „ist schwerer" oder „ist leichter" als Wasser, je nachdem ob ein Gegenstand untergeht oder schwimmt, wenn er in Wasser fällt. Physikalisch korrekt müsste man sagen, der Gegenstand hat eine größere oder eine kleinere Dichte als Wasser.

In der Pharmazie ist die Dichte ein Kriterium zur Prüfung von flüssigen Stoffen und Zubereitungen. Hierbei unterscheidet man zwischen absoluter und relativer Dichte.

4.1 Absolute Dichte

Die absolute Dichte gibt an, welche Masse ein bestimmtes Volumen eines Stoffes hat. Da sich das Volumen mit der Temperatur ändert, ändert sich auch die Dichte mit der Temperatur. Im Regelfall nimmt bei Erwärmung das Volumen zu und damit die Dichte ab.

4

Verwendung findet die absolute Dichte bei Mischungsrechnungen (▸Kap. 5), da hier oft Volumina gegeben sind, aber nur mit Massen gerechnet werden darf.

Die Dichteangaben im Arzneibuch beziehen sich in der Regel auf eine Temperatur von 20 °C.

4.1.1 Formel

Das Formelzeichen für die absolute Dichte ist der griechische Buchstabe ρ (sprich: „rho").

Formel – absolute Dichte

$$absolute\ Dichte = \frac{Masse}{Volumen}$$

$$\rho = \frac{m}{V}$$

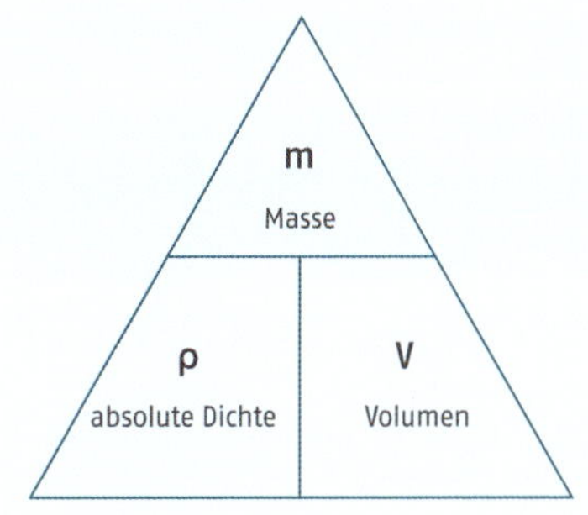

Abb. 4.1 Hilfsdreieck absolute Dichte

Tab. 4.1 aufgelöste Formeln zur absoluten Dichte

gesuchte Größe	Formel
Dichte ρ	$\rho = \frac{m}{V}$
Masse m	$m = \rho \cdot V$
Volumen V	$V = \frac{m}{\rho}$

4.1.2 Einheiten

Die SI-Einheit der absoluten Dichte ist kg/m^3, also die Masse von einem Kubikmeter der Substanz in Kilogramm. So gibt auch das Arzneibuch die absolute Dichte der verschiedenen Ethanolkonzentrationen an. Für Rechnungen ist diese Angabe allerdings selten brauchbar, da die wenigsten Apotheken mit $1\,m^3$, also 1000 Litern Flüssigkeit arbeiten dürften. Deshalb sind auch die Einheiten g/ml oder g/cm^3 und für Gase g/l gebräuchlich. Leider muss man den Zahlenwert umrechnen.

Beispiel:

Absolute Dichte von Ethanol 90 % (V/V) $829{,}2\,kg/m^3$. Umrechnung in g/cm^3 bzw. g/ml.

1 ml entspricht $1\,cm^3$

Für die Umrechnung werden in der Einheit 1 Kilogramm durch 1000 g und 1 Kubikmeter durch $1\,000\,000\,cm^3$ ersetzt.

$$829{,}2\,\frac{kg}{m^3} = 829{,}2\,\frac{1000\,g}{1\,000\,000\,cm^3} = 829{,}2\,\frac{1}{1000}\cdot\frac{g}{cm^3} = 0{,}8292\,\frac{g}{cm^3} = 0{,}8292\,\frac{g}{ml}$$

4.1.3 Rechenbeispiele

1. Es sollen 200 g Wundbenzin abgefüllt werden. Die absolute Dichte des Wundbenzins beträgt $649\,kg/m^3$. Welches Volumen muss das Gefäß mindestens fassen?

   Gegeben:
   Masse m = 200 g
   Dichte $\rho = 649\,kg/m^3$
   Umrechnung der Dichteeinheit: $649\,kg/m^3 = 0{,}649\,g/ml$

   Gesucht:
   Volumen:

   $$V = \frac{m}{\rho} = \frac{200\,g}{0{,}649\,g/ml} = 308{,}16641\,ml$$

   Antwort: Das Volumen des Gefäßes muss mehr als 310 ml betragen, damit das Wundbenzin vollständig eingefüllt werden kann.

2. Eine Natronlauge hat eine Masse von 110 g und ein Volumen von 80 ml. Berechnen Sie die absolute Dichte.

   Gegeben: m und V

   Gesucht: ρ

   $$\rho = \frac{m}{V} = \frac{110\,g}{80\,ml} = 1{,}375\,g/ml$$

   Antwort: Die absolute Dichte der Natronlauge beträgt 1,375 g/ml.

4.2 Relative Dichte

Die relative Dichte d vergleicht die absolute Dichte ρ einer Substanz mit der absoluten Dichte von Wasser. Dadurch hat die relative Dichte keine Einheit.

Im Arzneibuch findet sich die relative Dichte bei den Eigenschaften und Reinheitsprüfungen.

4

4.2.1 Formel

Da die Dichte temperaturabhängig ist, wird bei der relativen Dichte immer angegeben, bei welchen Temperaturen die absoluten Dichten von Untersuchungssubstanz und Wasser bestimmt wurden.

Formel – relative Dichte

$$d_{t_2}^{t_1} = \frac{\text{absolute Dichte der Substanz bei Temperatur } t_1}{\text{absolute Dichte von Wasser bei Temperatur } t_2}$$

d_{20}^{20} bedeutet dann, dass die absoluten Dichten der Substanz und von Wasser bei 20 °C gemessen wurden.

d_{4}^{20} bedeutet, die absolute Dichte der Substanz wurde bei 20 °C gemessen, die von Wasser bei 4 °C.

Das sind die beiden gängigen Temperaturen für das Wasser.

Die absolute Dichte von Wasser beträgt:

- bei 20 °C 0,9982 g/ml,
- bei 4 °C 1,000 g/ml.

SPICKZETTEL

Die absolute Dichte

- hat die Einheit kg/m^3 oder– häufiger in der Apotheke – g/cm^3 (bzw. g/ml).
- Für die Umrechnung von kg/m^3 in g/cm^3 muss der Zahlenwert durch 1000 geteilt werden.

Die relative Dichte

- hat keine Einheit.
- Der Zahlenwert bezieht sich auf die Dichte von Wasser bei der angegebenen Temperatur.

Beispiel:

Wie groß ist die relative Dichte d_{20}^{20} von Glycerol, wenn die absolute Dichte bei 20 °C 1,2298 g/ml beträgt?

$$d_{20}^{20} = \frac{1{,}2298\ g/ml}{0{,}9982\ g/ml} = 1{,}2320$$

Übung 1

30 ml eines Ethanol-Wasser-Gemischs wiegen bei 20 °C 28,955 g. Berechnen Sie ρ und d_{20}^{20}.

Mischungsrechnungen 5

Mischen von Flüssigkeiten – insbesondere Alkoholen – kommt in der Apotheke häufig vor. Bei der Berechnung darf nicht mit den Volumina gerechnet werden, da sich durch das Mischen stets auch die Dichte ändert.

Grundsätzlich ist immer mit der Masse und dem Massenprozentgehalt der Lösungen zu arbeiten – unabhängig davon, ob mit dem Mischungskreuz oder mit der Mischungsgleichung gerechnet wird.

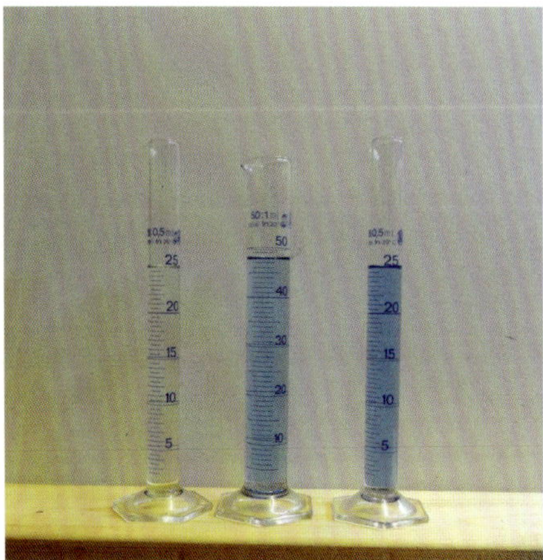

Abb. 5.1 Volumenkontraktion

Die Berechnung von Mischungen kommt in der Rezeptur häufig vor. Immer wenn Lösungen hergestellt werden müssen, die aus zwei oder mehr Flüssigkeiten bestehen, muss man aufpassen.

Grund hierfür ist die so genannte Volumenkontraktion. Mischt man zwei Flüssigkeiten, so können sich die intermolekularen Kräfte ändern und so zu einer Volumenabnahme gegenüber dem erwarteten Wert führen.

Was heißt das? Angenommen wir mischen 25 ml Ethanol 96 % (V/V) mit 25 ml Wasser, dann würden wir erwarten, dass 50 ml Mischung entstehen. Leider sind es aber nur rund 48 ml Mischung (Abb. 5.1).

Zum Rechnen ist das leider sehr schlecht, da der Effekt nicht linear verläuft und bei den in der Apotheke so häufigen Alkohol-Wasser-Mischungen auch noch besonders stark auftritt. Die Lösung des Problems besteht darin, nicht über das Volumen, sondern stets über die Massen zu rechnen. Dazu benötigen wir unsere Kenntnisse aus der Dichteberechnung (▸Kap. 4), allerdings nur die absolute Dichte. Man spricht im Zusammenhang der Mischungen häufig nur von der Dichte und meint damit aber die absolute Dichte.

MERKE

Bei Mischungsrechnungen muss unabhängig vom Rechenweg immer mit Massen und Massenprozent gerechnet werden.

5.1 Mischungsgleichung

Die Mischungsgleichung lässt sich anwenden, wenn zwei oder mehr Lösungen gemischt werden.

Berechnet werden können:
- Masse und Konzentration der Mischung,
- Konzentration einer Ausgangslösung, wenn der Rest bekannt ist,
- Masse einer Ausgangslösung, dann kann allerdings das „x" auf beiden Seiten der Gleichung stehen, da dann auch die Gesamtmasse der entstehenden Lösung unbekannt ist.

Um die Gleichung übersichtlicher zu gestalten, kann man sie in zwei Teile zerlegen.

5

Mischungsgleichungen

Gleichung (I): $m_1 + m_2 = m_m$
Gleichung (II): $m_1 \cdot w_1 + m_2 \cdot w_2 = m_m \cdot w_m$

Bedeutung der Abkürzungen:

m_1 und m_2	Massen der Lösungen 1 und 2
w_1 und w_2	Konzentrationen in % (m/m) der Lösungen 1 und 2
m_m	Gesamtmasse der Mischung, Berechnung mit Gleichung (I)
w_m	Konzentration der Mischung im % (m/m)

Beispiel:

Es werden 30 g einer 10%igen Salpetersäure und 80 g einer 50%igen Salpetersäure gemischt. Wie groß sind die Masse und der Prozentgehalt der Mischung.

Masse der Mischung: Gleichung (I)

$$m_1 + m_2 = m_m$$

$$30\,g + 80\,g = 110\,g$$

Gehalt der Mischung: Gleichung (II)

$$m_1 \cdot w_1 + m_2 \cdot w_2 = m_m \cdot w_m$$

$$30\,g \cdot 10\,\% + 80\,g \cdot 50\,\% = 110\,g \cdot w_m$$

$$w_m = \frac{30\,g \cdot 10\,\% + 80\,g \cdot 50\,\%}{110\,g} = 39{,}1\,\%$$

NOCH MEHR INFOS

Wenn drei oder mehr Lösungen gemischt werden, verlängert sich die Mischungsgleichung entsprechend.

5.2 Vereinfachung der Mischungsgleichung

Eine Vereinfachung der Mischungsgleichung tritt ein, wenn eine der beiden Lösungen reines Lösungsmittel, also in der Regel Wasser, ist.

Der Gehalt von pharmazeutisch verwendetem Wasser an anderen Stoffen sollte 0 % sein. Damit entfällt in der Gleichung ein Produkt. Dementsprechend ändert sich Gleichung (II) zu einer Kurzform:

Gleichung (I): $m_1 + m_2 = m_m$

Gleichung (II): $m_1 \cdot w_1 = m_m \cdot w_m$

Diese Form der Mischungsgleichung wird meist angewandt, wenn:

- Die Masse und die Konzentration der Mischung bekannt sind.
- Die Konzentration der Ausgangslösung bekannt ist.
- Mit Wasser gemischt wird.
- Die Masse der Ausgangslösung gesucht ist.

Das ist zum Beispiel dann der Fall, wenn für eine Rezeptur eine bestimmte (Alkohol-) Konzentration benötigt wird, in der Apotheke aber nur eine andere vorrätig ist.

Dafür hat sich folgende Merkhilfe eingebürgert, die Ihnen in der Apotheke bestimmt begegnet:

Merkhilfe – vereinfachte Mischungsgleichung

$$\frac{\textit{Arzt} \cdot \textit{Arzt}}{\textit{Apotheker}}$$

oder

$$\frac{\textit{gewollt} \cdot \textit{gewollt}}{\textit{vorhanden}}$$

Ergebnis ist die Masse der in der Apotheke vorhandenen (Alkohol-)Lösung.

Bedeutung:

Arzt	Masse der verordneten Lösung
Arzt	Gehalt der verordneten Lösung in % (m/m)
Apotheker	Gehalt der vorhandenen Lösung in % (m/m)

Beispiel:

Für eine Rezeptur werden 45 g Ethanol 70 % (V/V) benötigt.

In der Apotheke ist nur Ethanol 96 % (V/V) vorrätig. Wie viel davon muss verwendet werden? Wie viel Wasser braucht man?

Achtung: Beide Ethanolkonzentrationen sind in Volumenprozent angegeben.

Benötigt werden für die Rechnung aber Massenprozent. Die entsprechenden Massenprozentangaben kann man aus der Ethanoltabelle des Arzneibuchs ablesen (Tab. 5.1.):

Ethanol 96 % (V/V) entspricht Ethanol 93,8 % (m/m)

Ethanol 70 % (V/V) entspricht Ethanol 62,4 % (m/m)

Mit der Merkhilfe ergibt sich dann:

$$\frac{Arzt \cdot Arzt}{Apotheker}$$

$$\frac{62{,}4 \cdot 45\,g}{93{,}8} = 29{,}94\,g$$

Es werden also 29,94 g Ethanol 96 % (V/V) und 15,06 g Wasser (45 g – 29,94 g) benötigt.

ACHTUNG!
Beide Ethanolkonzentrationen sind in Volumenprozent angegeben. Benötigt werden für die Rechnung aber Massenprozent. Die entsprechenden Massenprozentangaben kann man aus der Ethanoltabelle des Arzneibuchs ablesen.

aha

GUT ZU WISSEN
Die Ethanoltabelle des Arzneibuchs gibt die Massenprozent zu den Volumenprozentangaben an. Auch die Dichte der Lösungen findet sich dort.
Für die häufigen Konzentrationen findet man die Angaben auch in den Tabellen für die Rezeptur des DAC/NRF.

Tab. 5.1 Auszug aus der Ethanoltabelle des Arzneibuchs

Ethanolgehalt in % (V/V)	Ethanolgehalt in % (m/m)	Dichte in kg/m^3	Dichte in g/ml
100	100	789,3	0,7893
96	93,8	807,5	0,8075
90	85,7	829,2	0,8292
70	62,4	885,5	0,8855
60	52,1	909,1	0,9091
45	37,8	939,6	0,9396
0	0	998,2	0,9982

Übung 1

1. Es wurden versehentlich 500 g Salzsäure 36 % in ein Gefäß geschüttet, in dem sich noch ein Rest 10%ige Salzsäure befand. Die Gesamtmasse der neuen Lösung beträgt 570 g.
   a) Wie viel 10 %ige Säure war noch im Gefäß?
   b) Welchen Gehalt hat die neue Mischung?
2. Für eine Defektur werden 600 g Ethanol 45 % (V/V) benötigt. Vorrätig ist Ethanol 90 % (V/V).
   Wie viel Gramm Ethanol 90 % (V/V) und wie viel Gramm Wasser sind nötig?
3. 40 g Natriumchlorid werden in 500 g Wasser gelöst. Welche Konzentration hat die entstehende Lösung? (Achtung: ganz einfach, deshalb oft falsch gemacht.)

5.3 Mischungskreuz

Das Mischungskreuz ist eine weitere Möglichkeit, Mischungen zu berechnen. Im Gegensatz zur Mischungsgleichung müssen hier zwingend die Konzentrationen der zu mischenden Lösungen und der entstehenden Lösung bekannt sein. In der Apotheke ist das in der Regel kein Problem, da üblicherweise bekannt ist, was gemischt werden soll.

Berechnet werden kann folglich:
- das Mengenverhältnis der Lösungen,
- die tatsächlichen Massen der Lösungen.

Auf den ersten Blick sieht das Mischungskreuz häufig etwas verwirrend aus. Es ist aber eine recht einfache und schnelle Methode, um zu den Ergebnissen zu kommen.

Auch für das Mischungskreuz gilt weiterhin: Nur mit Massen und Massenprozent rechnen!

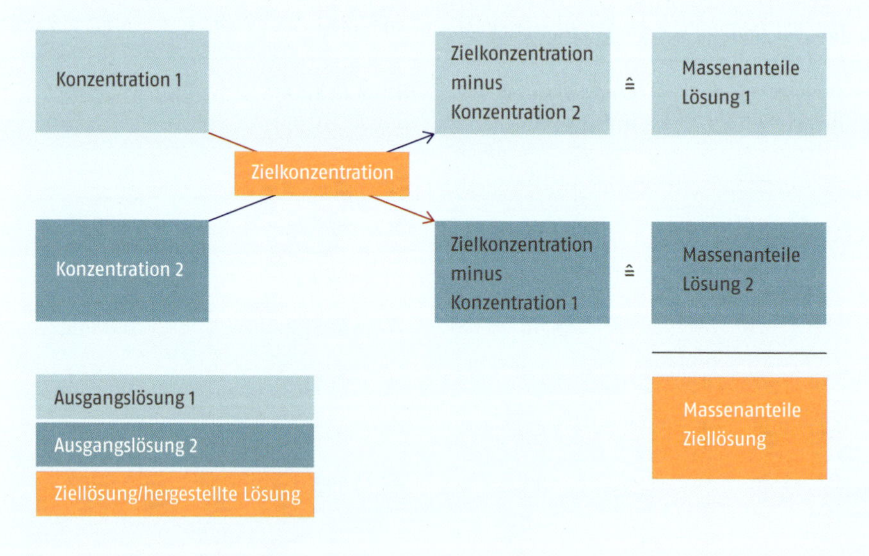

Abb. 5.2 Schema Mischungskreuz

Und so geht es:

- ein schräges Kreuz zeichnen, oder denken ✗
- Konzentrationen der Lösungen, die gemischt werden sollen, links übereinander schreiben, die größere Zahl oben.
- Konzentration der zu mischenden Lösung in die Mitte des Kreuzes schreiben
- diagonal subtrahieren

Das Ergebnis ist das Mischungsverhältnis der beiden Ausgangslösungen. Daraus lassen sich mit einem Dreisatz die benötigten Massen berechnen.

NOCH MEHR INFOS
Erklärung im Video

Beispiele:

1. In welchem Verhältnis müssen Isopropanol 50 % (m/m) und Isopropanol 100 % gemischt werden, wenn Isopropanol 70 % (m/m) benötigt wird?

		Berechnung	Massenanteile, gekürzt
100 %		70 – 50 = 20	2 Teile
	70 %		+
50 %		100 – 70 = 30	3 Teile
			5 Teile

Man rechnet diagonal. Das Ablesen erfolgt dann aber waagrecht. So ergibt sich:
2 Teile Isopropanol 100 % und 3 Teile Isopropanol 50 % (m/m) ergeben gemischt 5 Teile Isopropanol 70 % (m/m).

2. Eine 12%ige Wasserstoffperoxidlösung soll mit Wasser zu einer 3%igen Lösung verdünnt werden.
Wie viel der Ausgangsstoffe muss eingewogen werden, wenn 750 g 3%ige Lösung benötigt werden?

		Berechnung	Massenanteile, gekürzt
12 %		3 – 0 = 3	1 Teil
	3 %		+
0 %		12 – 3 = 9	3 Teile
			4 Teile

Berechnung

12%ige Wasserstoffperoxidlösung	Wasser („0%ige Lösung“)
1 Teil entspricht x_1	3 Teile entsprechen x_2
4 Teile entsprechen 750 g	4 Teile entsprechen 750 g
$x_1 = \frac{1}{4} \cdot 750\,g = 187{,}5\,g$	$x_2 = \frac{3}{4} \cdot 750\,g = 562{,}5\,g$

Übung 2

Sie mischen 500 g einer 35,7%igen Säure mit einer 8%igen Säure. Es soll eine 30%ige Säure entstehen. Wie viel 8%ige Säure muss verwendet werden?

5.4 Aufgaben mit Volumenangaben

In die Mischungsrechnungen dürfen nur Massen und Massenkonzentrationen eingesetzt werden, wie wir schon wissen.

Sind bei Ethanol Volumenprozent gegeben, so kann aus der Ethanoltabelle die Massenkonzentration abgelesen werden.

Hat man nun aber Volumenangaben, dann muss man diese in Massen umrechnen (▸Kap. 4). Dazu wird die absolute Dichte benötigt. Diese kann man zum Teil in Tabellen finden oder über physikalische Methoden selbst bestimmen.

GUT ZU WISSEN

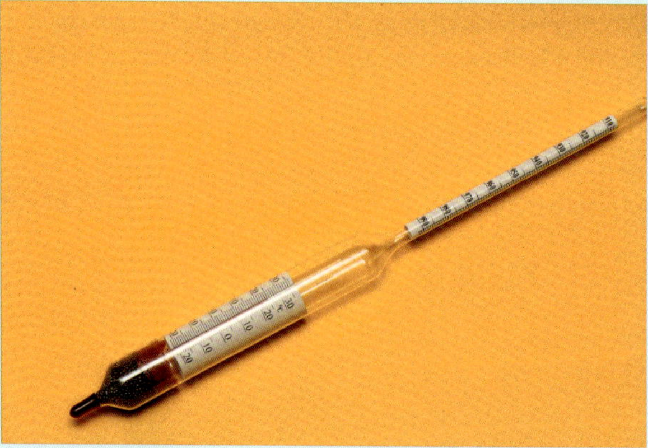

Methoden zur Dichtebestimmung:
- Aräometer (Senkspindel)
- Pyknometer
- Mohr-Westphalsche-Waage
- digitale Dichtemessgeräte

Beispiel:

Hergestellt werden sollen 1000 ml Ethanol 70 % (V/V). Gemischt werden soll dieser Ethanol aus Ethanol 45 % (V/V) und Ethanol 90 % (V/V). Zu berechnen sind die Volumina der beiden Ausgangsstoffe.

Da beide Ausgangsmengen gesucht sind und kein Wasser hinzugefügt wird, bietet sich das Mischungskreuz zur Berechnung an.

Schritt 1:

Aus der Ethanoltabelle (□ Tab. 5.1) alle Massenprozent- und Dichteangaben heraussuchen.

- Ethanol 70 % (V/V) entspricht 62,4 % (m/m), $\rho = 0{,}8855$ g/ml
- Ethanol 45 % (V/V) entspricht 37,8 % (m/m), $\rho = 0{,}9396$ g/ml
- Ethanol 90 % (V/V) entspricht 85,7 % (m/m), $\rho = 0{,}8292$ g/ml

Schritt 2:

Berechnung der herzustellenden Masse Ethanol 70 % (V/V)

$m = \rho \cdot V = 0{,}8855\ g/ml \cdot 1000\ ml = 885{,}5\ g$

Schritt 3:

Mischungskreuz (hier in Kurzform)

85,7 %		24,6 T	$\triangleq x_1$	Ethanol 90 % (V/V)
	62,4 %			
37,8 %		23,3 T	$\triangleq x_2$	Ethanol 45 % (V/V)
		47,9 T	$\triangleq$ 885,5 g	Ethanol 70 % (V/V)

Schritt 4:

Berechnung der Massen

$x_1 = 24{,}6\ T \div 47{,}9\ T \cdot 885{,}5\ g = 454{,}7661795\ g$

$x_2 = 23{,}3\ T \div 47{,}9\ T \cdot 885{,}5\ g = 438{,}9819149\ g$

Schritt 5:

Berechnung der Volumina $V = \frac{m}{\rho}$

$$V(\text{Ethanol } 90\,\%\ (V/V)) = \frac{x_1}{0{,}8292\ g/ml} = 548{,}44\ ml$$

$$V(\text{Ethanol } 45\,\%\ (V/V)) = \frac{x_2}{0{,}9396\ g/ml} = 467{,}20\ ml$$

Hier kann man nun gut sehen, weshalb der Rechenumweg über die Massen notwendig ist. Für 1000 ml müssen 548,44 ml und 467,20 ml gemischt werden. Das wären rechnerisch 1015,63 ml. Durch die Volumenkontraktion entstehen aber nur die gewünschten 1000 ml Mischung.

SPICKZETTEL

Mischungskreuz bei Volumenangaben

1. Massenprozent und Dichte für die Lösungen heraussuchen (Ethanoltabelle).
2. Massen über $m = \rho \cdot V$ berechnen.
3. Fehlende Massen über das Mischungskreuz ermitteln.
4. Evtl. die Massen wieder in Volumina umrechnen mit $V = \frac{m}{\rho}$.

Übung 3

1. Es sollen 1,5 Liter einer 10%igen Ammoniumchlorid-Lösung hergestellt werden. Zu verwenden sind Ammoniumchloridlösung 18 % und Wasser. Welches Volumen ist jeweils nötig?
   ρ(Ammoniumchlorid 10 %) = 1,017 g/ml; ρ(Ammoniumchlorid 18 %) = 1,051 g/ml; ρ(Wasser) = 0,9982 g/ml
2. Sie mischen 250 ml Ethanol 96 % (V/V) und 300 ml Ethanol 60 % (V/V).
   a) Welche Konzentration hat die fertige Ethanolmischung?
   b) Welches Volumen entsteht, wenn die Dichte des Gemischs ρ = 0,8681 g/ml beträgt?

5.5 Kennzeichnung von alkoholhaltigen Rezepturen

Seit 1. Juni 2022 besteht eine neue Vorschrift für die Kennzeichnung von alkoholhaltigen Rezepturen. Diese gilt nun europaweit und löst die bisherige Arzneimittel-Warnhinweisverordnung ab.

Zu kennzeichnen sind Rezepturen die Ethanol enthalten. Die Kennzeichnung muss lauten:

„Enthält **x** mg Alkohol (Ethanol) pro **Dosiereinheit/Dosiervolumen**."

Die fett gedruckten Angaben müssen entsprechend der Rezeptur ersetzt werden.

Ist eine Packungsbeilage nötig, dann muss dort ein Anwendungshinweis erfolgen, der die Alkoholmenge des Arzneimittels mit Bier bzw. Wein vergleicht. Dies gilt für die orale, parenterale und inhalative Anwendung.

„Die Menge in **Dosis/Volumen** dieses Arzneimittels entspricht weniger als **A** ml Bier oder **B** ml Wein."

Dabei soll der Alkoholgehalt von Bier mit 5 % (V/V) bzw. 4 % (m/V) und von Wein mit 12,5 % (V/V) bzw. 10 % (m/V) angenommen werden.

NOCH MEHR INFOS

Besonderheitenliste des BfArM für sonstige Bestandteile von Arzneimitteln

Ethanol

5

5.5.1 Berechnung des Ethanolgehalts in der Rezeptur

Gegeben ist die Rezeptur:

Substanz A		1,0
Substanz B		25,0
Thymianfluidextrakt		45,0
Ethanol 90 % (V/V)	ad	90,0

Anmerkungen:

- Die Substanzen A und B enthalten kein Ethanol.
- Thymianfluidextrakt enthält maximal 38 % (m/m) Ethanol.
- Ethanol 90 % (V/V) muss für die Berechnung in Massenprozent verwendet werden.

				Ethanolgehalt in g	Berechnung
Substanz A		1,0	1,0	0,0	
Substanz B		25,0	25,0	0,0	
Thymianfluidextrakt		45,0	45,0	17,10	= 45,0 · 0,38
Ethanol 85,7 % (m/m)	ad	90,0	19,0	16,28	= 19,0 · 0,857

Die Rezeptur enthält also 33,38 g (17,10 g + 16,28 g) Ethanol in 90,0 g Rezeptur.

5.5.2 Berechnung der notwendigen Angaben

Äußere Umhüllung/Behältnis

Auf der äußeren Umhüllung bzw. auf dem Behältnis muss die Alkoholmenge je Dosis angegeben werden. Dafür müssen wir wissen, welche Menge eingenommen wird sowie eventuell die Dichte des Arzneimittels.

Die Dichte ist $\rho = 0{,}895$ g/ml. Eine Einzeldosis ist 5 ml.

Unser Arzneimittel enthält 33,38 g Ethanol in 90,0 g Rezeptur. Da die Einzeldosis in Milliliter angegeben ist, müssen wir die 90 g in Milliliter umrechnen:

$$V = \frac{m}{\rho} = \frac{90\,g}{0{,}895\,g/ml} = 100{,}5586592\ ml$$

Unser Arzneimittel enthält somit

$$33{,}38\,g \text{ Ethanol in } 100{,}5586592\,ml$$

$$x \text{ in } 5\,ml$$

$$x = \frac{5\,ml \cdot 33{,}38\,g}{100{,}5586592\,ml} \approx 1{,}660\,g$$

Der Pflichttext auf dem Behältnis muss lauten: „Enthält 1660 mg Alkohol (Ethanol) pro 5 ml."

Packungsbeilage

Wird eine Packungsbeilage benötigt, dann muss die entsprechende Bier- bzw. Weinmenge berechnet werden.

Dafür ist gefragt, in welchem Volumen unsere 1660 mg Ethanol enthalten sind.

Bier: 4 % (m/V)

$$4\,g \text{ Ethanol in } 100\,ml \text{ Bier}$$

$$1{,}66\,g \text{ in } A$$

$$A = \frac{1{,}66}{4} \cdot 100\,ml = 41{,}5\,ml$$

Wein: 10 % (m/V)

$$10\,g \text{ Ethanol in } 100\,ml \text{ Wein}$$

$$1{,}66\,g \text{ in } B$$

$$B = \frac{1{,}66}{10} \cdot 100\,ml = 16{,}6\,ml$$

Da die berechneten Werte auf die nächste ganze Zahl aufgerundet werden, muss der Text in der Packungsbeilage dann lauten: „Die Menge in 5 ml dieses Arzneimittels entspricht weniger als 42 ml Bier oder 17 ml Wein."

Übung 4

Rezeptur

Anisöl	3,3	
Ammoniaklösung 10 %	16,7	Einzeldosis 2 ml
Ethanol 70 % (V/V)	40,0	Dichte der Rezeptur 0,9966 g/ml
Gereinigtes Wasser	40,0	

Berechnen Sie die Angaben für die äußere Umhüllung und für einen Beipackzettel.

Einwaagekorrekturfaktor berechnen 6

Bei der Herstellung von Arzneimitteln ist ein genauer Wirkstoffgehalt nötig. Rezeptursubstanzen haben in vielen Fällen einen Gehalt, der vom Sollwert abweicht. Dann ist es notwendig, einen Einwaagekorrekturfaktor zu bestimmen, um bei der Herstellung die korrekte Menge Wirkstoff im Arzneimittel zu erreichen.

Den Einwaagekorrekturfaktor haben wir bereits kurz kennengelernt (▸ Kap. 2.2.1). Wir verwenden ihn, um genau die verordnete Menge Wirkstoff in der Rezeptur zu haben, auch wenn unsere eingewogene Substanz einen abweichenden Gehalt hat.

Bezugswert für den Gehalt einer Substanz ist die entsprechende Arzneibuchmonographie. In den meisten Fällen ist der Soll-Gehalt 100 Prozent.

Zur Erinnerung:

Wenn der Gehalt von Wirkstoffen in der Rezeptur abweicht, dann ist er meist niedriger als der Soll-Wert. Gründe dafür sind:

- Charge,
- Wassergehalt/Trocknungsverlust,
- Stabilität,
- Herstellung.

Die beiden unteren Punkte lassen sich in der Apotheke nur schwer prüfen und werden in der Regel nur über standardisierte Abläufe berücksichtig. Beispiel ist der Produktionszuschlag bei der Herstellung von pulvergefüllten Hartgelatinekapseln wie ihn das DAC/NRF vorgibt (▸ Kap. 7.1.1).

Für die Berechnung des Korrekturfaktors, den wir auf dem Gefäß vermerken, müssen wir genau prüfen, worauf sich der angegebene Gehalt bezieht, und dann verschiedene Fälle unterscheiden.

Weitere Informationen zur Berechnung finden Sie im DAC/NRF Kapitel I.2.1.1.

6.1 Einwaagekorrektur bei passender Rezeptursubstanz

Die Substanz, die verordnet ist, ist auch genauso in der Apotheke vorhanden. Dieser Fall sollte der Normalzustand sein.

6.1.1 Unbehandelte Rezeptursubstanz

Der in der Monographie angegebene Soll-Gehalt bezieht sich auf die Rezeptursubstanz, so wie sie vorliegt. Sie wird also nicht getrocknet, und auch ein eventueller Wassergehalt wird nicht berücksichtigt.

Der Einwaagekorrekturfaktor berechnet sich dann aus dem Soll-Gehalt geteilt durch den Ist-Gehalt.

Dabei ist der Soll-Gehalt (im NRF $c_{s\text{-nominal}}$) der Gehalt, der in der Monographie gefordert ist. Der Ist-Gehalt ist der bei der Gehaltsbestimmung tatsächlich ermittelte Gehalt (im NRF c_s).

Einwaagekorrekturfaktor – unbehandelte Rezeptursubstanz

$$f = \frac{\text{Soll-Gehalt}}{\text{Ist-Gehalt}} = \frac{c_{s\text{-}nominal}}{c_s}$$

Beispiel:

Als Beispiel nehmen wir Milchsäure, da hier der Soll-Gehalt ausnahmsweise nicht 100 Prozent ist, sondern 90,0 Prozent (m/m).

Laut Prüfzertifikat hat die Milchsäure einen Gehalt von 88,2 %.

$$f = \frac{\text{Soll-Gehalt}}{\text{Ist-Gehalt}} = \frac{90\ \%}{88{,}2\ \%} = 1{,}020$$

Der Einwaagekorrekturfaktor für die Milchsäure ist f = 1,020.

6

aha

GUT ZU WISSEN

Die Soll-Gehalte im Arzneibuch sind meist nicht mit einer Zahl angegeben, sondern mit einem Bereich. Das kommt von kleinen Abweichungen durch die Bestimmungsmethoden.
Sind Bereiche um 100 Prozent (z. B. Ascorbinsäure 99,0 bis 100,5 Prozent) angegeben, dann nimmt man für die Berechnung 100 Prozent als Soll-Wert.
Sind andere Bereiche angegeben (z. B. Milchsäure 88,0 bis 92,0 Prozent), dann nimmt man den Mittelwert als Soll-Wert.

Übung 1

1. Zinkchlorid hat laut Arzneibuch einen Gehalt von 95,0 bis 100,5 Prozent. Das Prüfzertifikat weist einen Gehalt von 97,1 % aus. Berechnen Sie den Einwaagekorrekturfaktor.
2. Eine Harnstoff-Stammverreibung 50 % (NRF S. 8.) wurde hergestellt. Die Analyse ergibt einen Gehalt von 48,7 %. Berechnen Sie den Einwaagekorrekturfaktor.

6.1.2 Rezeptursubstanz nach Trocknungsverfahren

Ist in der Definition des Arzneibuchs der Gehalt bezogen auf eine Substanz, die einem Trocknungsverfahren unterzogen wurde, angegeben, dann kommt zu der bisherigen Gleichung ein weiterer Faktor dazu. Dieser rechnet den Wassergehalt in der abzuwiegenden Substanz mit ein.

Der in der Monographie angegebene Soll-Gehalt kann sich beziehen auf

- die wasserfreie Substanz,
- die getrocknete Substanz,
- die geglühte Substanz.

Dabei ändern sich immer nur die Begriffe und das Vorgehen für die Trocknung. Der Rechenweg bleibt stets der gleiche.

Einwaagekorrekturfaktor – getrocknete Rezeptursubstanz

$$f = \frac{\textit{Soll-Gehalt}}{\textit{Ist-Gehalt}} \cdot \frac{100\,\%}{100\,\% - \textit{Wassergehalt}}$$

Für den Wassergehalt der Substanz wird dann entsprechend der Monographie im Arzneibuch einer der folgenden Werte verwendet:

- Trocknungsverlust,
- Glühverlust,
- Wasser (2.5.12), das ist die Wasserbestimmung im Arzneibuch mittels Karl-Fischer-Methode.

Beispiele:

1. Ibuprofen hat einen Gehalt laut Monographie in der Ph. Eur. 11 von 98,5 bis 101,0 Prozent (getrocknete Substanz). Der Trocknungsverlust darf maximal 0,5 % betragen. Laut Prüfzertifikat beträgt der Gehalt 98,9 % und der Trocknungsverlust 0,4 %. Für die Berechnung ist aus dem Arzneibuch nur der Soll-Gehalt relevant. Der Ist-Wert und der Wassergehalt werden aus dem Prüfzertifikat übernommen.

$$f = \frac{\textit{Soll-Gehalt}}{\textit{Ist-Gehalt}} \cdot \frac{100\,\%}{100\,\% - \textit{Wassergehalt}}$$

$$f = \frac{100\,\%}{98{,}9\,\%} \cdot \frac{100\,\%}{100\,\% - 0{,}4\,\%} = 1{,}011122346 \cdot \frac{100}{99{,}6} = 1{,}015$$

2. Bei schwerem Magnesiumoxid wird der Gehalt auf die geglühte Substanz berechnet. Der Soll-Wert ist 100 Prozent. Die Werte aus dem Prüfzertifikat sind Gehalt 98,0 % und Glühverlust 7 %.

$$f = \frac{100\,\%}{98\,\%} \cdot \frac{100\,\%}{100\,\% - 7\,\%} = 1{,}02040816 \cdot 1{,}07526882 = 1{,}097$$

NOCH MEHR INFOS

Weiteres Beispiel Einwaagekorrekturfaktor

Übung 2

1. Calciumlactat hat laut Monographie einen Gehalt von 98,0 bis 102,0 Prozent. Der Trocknungsverlust darf maximal 3,0 Prozent bei 125 °C betragen. Die Analyse ergibt einen Gehalt von 98,5 Prozent und einen Trocknungsverlust von 2,5 %. Berechnen Sie den Einwaagekorrekturfaktor.
2. Bei Zinkoxid beträgt der Gehalt bezogen auf die geglühte Substanz 99,0 bis 100,5 Prozent. Das Prüfzertifikat gibt einen Gehalt von 99,2 % und einen Glühverlust von 0,9 % an. Berechnen Sie den Einwaagekorrekturfaktor.

6.2 Einwaagekorrektur bei abweichender Rezeptursubstanz

Sollte in der Apotheke ein Wirkstoff nicht in seiner verordneten Form vorhanden sein und auch nicht lieferbar sein, dann kann man auf ein (anderes) Salz des Wirkstoffs oder auf eine Form mit einer anderen Menge Kristallwasser ausweichen. Achtung! Dabei ist immer zu bedenken, dass eine andere chemische Form auch immer andere Eigenschaften mit sich bringt. Deshalb muss sorgfältig geprüft werden, ob der Austausch pharmazeutisch vertretbar ist.

Häufig wird auch die Menge eines freien Wirkstoffs in der Benennung von Rezepturen angegeben, obwohl standardmäßig ein Salz eingewogen wird.

Kommt man bei dieser Prüfung zum Ergebnis, dass der Austausch möglich ist, muss die korrekte Menge des verwendeten Stoffes berechnet werden. Hierzu ist eine Einwaagekorrektur erforderlich, bei der die uns bekannten Formeln weiterverwendet werden können. Sie müssen nur um einen weiteren Faktor ergänzt werden, der sich aus den molaren Massen (▸ Kap. 8.1.2) der beteiligten Substanzen errechnet.

Allerdings muss vor dem Einsetzen der Werte in die Formeln genau überlegt werden, welche Werte zutreffen. Bei Trocknungsverlusten ist bei kristallwasserhaltigen Substanzen zu überlegen, welches und wie viel Wasser bei der Trocknung verschwindet.

6.2.1 Ohne Wasserverlust

Ist in den Monographien und in den Analysenzertifikaten kein Trocknungsverlust oder ähnliches angegeben, dann leitet sich die Einwaagekorrektur von der folgenden Grundformel ab:

$$f = \frac{\text{Soll-Gehalt}}{\text{Ist-Gehalt}}$$

Sie wird ergänzt um einen Faktor, der die molare Masse der verordneten Substanz ins Verhältnis setzt zur molaren Masse der verwendeten Substanz.

Einwaagekorrekturfaktor – andere Substanz ohne Wasserverlust

$$f = \frac{\text{Soll-Gehalt}}{\text{Ist-Gehalt}} \cdot \frac{M_{verwendet}}{M_{verordnet}}$$

Für Soll- und Ist-Gehalt werden die Werte der tatsächlich verwendeten Substanz eingesetzt. Diese muss schließlich auch abgewogen werden.

6

Beispiel:

In eine Mischung sollen 5,00 g Natriumcarbonat-Decahydrat (M = 286,0 g/mol) eingearbeitet werden. Es ist aufgrund der Stabilität des Decahydrats aber besser Natriumcarbonat-Monohydrat (M = 124,0 g/mol) zu verarbeiten. Das Monohydrat hat laut Monographie einen Gehalt von 83,0 bis 87,5 Prozent. Die Gehaltsbestimmung hat einen Wert von 83,6 % ergeben. Berechnen Sie den Faktor und die einzuwiegende Masse an Monohydrat.

Soll – Gehalt (Mittelwert) = (83,0 % + 87,5 %) ÷ 2 = 85,25 %

Einwaagekorrekturfaktor:

$$f = \frac{Soll\text{-}Gehalt}{Ist\text{-}Gehalt} \cdot \frac{M_{verwendet}}{M_{verordnet}}$$

$$f = \frac{85{,}25\ \%}{83{,}6\ \%} \cdot \frac{124 \frac{g}{mol}}{286{,}0 \frac{g}{mol}} = 0{,}442$$

Einwaage an Natriumcarbonat-Monohydrat:

$$5{,}00\,g \cdot 0{,}442 = 2{,}21\,g$$

Die Einwaage an Monohydrat muss deutlich niedriger sein als die an Decahydrat, da je Natriumcarbonatteilchen neun Wassermoleküle weniger gebunden sind.

Übung 3

In manchen Schmerztabletten ist der Wirkstoff Ibuprofen als Ibuprofen-D,L-Lysinat verarbeitet. Es sollen nun Kapseln hergestellt werden, die 150 mg Ibuprofen enthalten. Eingesetzt werden soll als Wirkstoff aber das Lysinat. Der Gehalt des Ibuprofen-D,L-Lysinats ist 99,2 %, die molare Masse 352,5 g/mol. Die molare Masse von Ibuprofen ist 206,3 g/mol.

Berechnen Sie den Einwaagekorrekturfaktor und die Menge Ibuprofen-D,L-Lysinat, die in einer Kapsel enthalten sein muss.

6.2.2 Mit Wasserverlust

Das Rechenprinzip bleibt auch hier erhalten. Es kommt lediglich ein weiterer Faktor in der Gleichung dazu.

Einwaagekorrekturfaktor – andere Substanz mit Wasserverlust

$$f = \frac{Soll\text{-}Gehalt}{Ist\text{-}Gehalt} \cdot \frac{100\ \%}{100\ \% - Wassergehalt} \cdot \frac{M_{verwendet}}{M_{verordnet}}$$

Substanzen ohne Kristallwasser

Enthält die Substanz selbst kein Kristallwasser, dann ist alles ganz einfach. Es werden nur die bekannten Werte in die Gleichung eingesetzt.

Beispiel:

Es sollen 50 ml einer Lösung hergestellt werden, die 5 mg Propranolol je Milliliter enthält. Propranolol (M = 259,0 g/mol) wird jedoch als Propranolol-Hydrochlorid (M = 295,8 g/mol) eingewogen.

Propranolol-Hydrochlorid hat laut Monographie einen Gehalt von 99,0 bis 101,0 Prozent bezogen auf die getrocknete Substanz. Das Prüfzertifikat gibt einen Gehalt von 99,0 % und einen Trocknungsverlust von 0,4 % an.

Einwaagekorrekturfaktor:

$$f = \frac{100\,\%}{99\,\%} \cdot \frac{100\,\%}{100\,\% - 0{,}4\,\%} \cdot \frac{295{,}8\,\frac{g}{mol}}{259{,}0\,\frac{g}{mol}} = 1{,}158$$

Einwaage für die 50 ml der Lösung:
5 mg/ml · 50 ml · 1,158 = 0,2895 g Propranolol-Hydrochlorid.

Substanzen mit Kristallwasser

Auch hier gilt die gleiche Formel, aber wir müssen überlegen, ob das Kristallwasser bereits im Wassergehalt berücksichtigt ist, weil es beim Trocknungsvorgang vollständig verschwunden ist. Oder ob das Kristallwasser bei der molaren Masse berücksichtig werden muss.

Meist ist das Kristallwasser schon bei der Angabe des Wassergehalts enthalten. In diesem Fall entfällt der Faktor mit der molaren Masse und es wird gerechnet wie bei getrockneten Substanzen (▸ Kap. 6.1.2).

Beispiel:

Für eine Rezeptur sind 2,0 g Lidocain verordnet. Die Substanz soll allerdings als Lidocain-Hydrochlorid-Monohydrat eingewogen werden.

Laut Analysenzertifikat beträgt der Gehalt des Lidocainhydrochlorid-Monohydrats 99,7 % bezogen auf die wasserfreie Substanz. Der Wassergehalt ist mit 6,53 % angegeben.

Die molare Masse von Lidocainhydrochlorid-Monohydrat ist 288,8 g/mol, die von Lidocain 234,3 g/mol und die von Wasser 18 g/mol.

Berechnung

Da der Gehalt auf die wasserfreie Substanz bezogen ist, muss der Faktor für den Wasserverlust nicht berücksichtigt werden. Aber man braucht für die Formel die molare Masse von Lidocainhydrochlorid, also der wasserfreien Form. Diese ist 288,8 g/mol – 18 g/mol = 270,8 g/mol.

Einwaagekorrekturfaktor:

$$f = \frac{100\,\%}{99{,}7\,\%} \cdot \frac{270{,}8\,\frac{g}{mol}}{234{,}3\,\frac{g}{mol}} = 1{,}159$$

Wasserfrei verordnet, wasserhaltig verwendet

Es soll Magnesiumacetat (M = 142,4 g/mol) abgewogen werden. Vorhanden ist aber nur Magnesiumacetat-Tetrahydrat (M = 214,5 g/mol).

In der Monographie Magnesiumacetat-Tetrahydrat der Ph. Eur. 11 steht bei Gehalt: 98,0 bis 101,0 Prozent Magnesiumacetat (wasserfreie Substanz). Unter den Prüfungen auf Reinheit findet man: Wasser (2.5.12): 33,0 bis 35,0 Prozent mit 0,100 g bestimmt.

Das Analysenzertifikat weist einen Gehalt von 98,5 % und einen Wassergehalt von 34,6 % aus.

Für die Berechnung brauchen wir drei Werte. Den Soll-Gehalt an Magnesiumacetat, den Ist-Gehalt und den Wassergehalt. Nur den ersten Wert nehmen wir aus der Monographie. Die beiden anderen Werte aus dem Analysenzertifikat oder aus eigenen Bestimmungen. Der Wassergehalt ist mit 34,6 % etwa ein Drittel der Gesamtmasse. Er beinhaltet schon das Kristallwasser. Dieses wurde also bei der Wasserbestimmung erfasst. Folglich kann in der Gleichung der Faktor für die molaren Massen entfallen.

$$f = \frac{\textit{Soll-Gehalt}}{\textit{Ist-Gehalt}} \cdot \frac{100\,\%}{100\,\% - \textit{Wassergehalt}} = \frac{100\,\%}{98{,}5\,\%} \cdot \frac{100\,\%}{100\,\% - 34{,}6\,\%} = 1{,}552$$

Durch den hohen Wassergehalt ergibt sich ein großer Einwaagekorrekturfaktor.

Wasserhaltig verordnet, wasserfrei verwendet

Betrachtet man den umgekehrten Fall: Magnesiumacetat-Tetrahydrat ist verordnet und Magnesiumacetat soll verwendet werden, dann benötigt man die gesamte Gleichung. Für die ersten beiden Faktoren werden die Daten von Magnesiumacetat aus dem Prüfzertifikat eingesetzt: Gehalt 99,0 %, Trocknungsverlust 0,3 %.

$$f = \frac{\textit{Soll-Gehalt}}{\textit{Ist-Gehalt}} \cdot \frac{100\,\%}{100\,\% - \textit{Wassergehalt}} \cdot \frac{M_{verwendet}}{M_{verordnet}}$$

$$= \frac{100\,\%}{99\,\%} \cdot \frac{100\,\%}{100\,\% - 0{,}3\,\%} \cdot \frac{142{,}4\,\frac{g}{mol}}{214{,}5\,\frac{g}{mol}} = 0{,}673$$

Hier ist der Faktor nun deutlich unter 1, da das verwendete Magnesiumacetat kein Kristallwasser enthält.

Andere Form und Kristallwasser

Wir haben in der Apotheke Morphinhydrochlorid-Trihydrat (Salz mit Kristallwasser) vorrätig und sollen daraus 100 ml einer Lösung herstellen, die umgerechnet 40 mg/ml Morphin (freie Base) enthält.

Name	Molare Masse	Gehalt	Trocknungsverlust
Morphin	285,3 g/mol		
Morphinhydrochlorid	321,8 g/mol		
Morphinhydrochlorid-Trihydrat	375,8 g/mol	98,9 % (wasserfreie Substanz)	14,5 %

Da bei Morphinhydrochlorid-Trihydrat der Trocknungsverlust bereits das Kristallwasser berücksichtigt, müssten wir eigentlich nach ▸ Kap. 6.2.2 vorgehen und die molaren Massen unberücksichtigt lassen.

Aber: Leider liegt nicht Morphin-Trihydrat vor, sondern Morphinhydrochlorid-Trihydrat. Das bedeutet, wir haben auch noch ein Salz der gesuchten Substanz, für das wir einen Umrechnungsfaktor brauchen.

Unsere Gleichung sieht dann so aus:

$$f = \frac{\textit{Soll-Gehalt}}{\textit{Ist-Gehalt}} \cdot \frac{100\,\%}{100\,\% - \textit{Wassergehalt}} \cdot \frac{M_{verwendet}}{M_{verordnet}}$$

$$= \frac{100\,\%}{98{,}9\,\%} \cdot \frac{100\,\%}{100\,\% - 14{,}5\,\%} \cdot \frac{321{,}8\,\frac{g}{mol}}{285{,}3\,\frac{g}{mol}} = 1{,}334$$

Der letzte Faktor gibt die Umrechnung von Morphin auf Morphinhydrochlorid.

Die beiden ersten Faktoren geben die Umrechnung von Morphinhydrochlorid auf Morphinhydrochlorid-Trihydrat an.

Für 100 ml Lösung braucht man:

- Morphin: 40 mg/ml · 100 ml = 4000 mg
- Morphinhydrochlorid-Trihydrat: 4000 mg · 1,334 = 5336 mg

Es müssen also 5,336 g Morphinhydrochlorid-Trihydrat eingewogen werden.

Übung 4

1. Bei einem Fertigarzneimittel mit Bisoprolol lautet die Angabe auf der Packung: 1 Tablette enthält 2,5 mg Bisoprolol als Bisoprololhemifumarat.
   Berechnen Sie die Menge an Bisoprololhemifumarat, die in einer Tablette enthalten ist, wenn
   a) kein Einwaagekorrekturfaktor für Gehalt oder Wasser nötig ist.
   b) der Gehalt des Bisoprololhemifumarats 98,5 % und der Trocknungsverlust 0,6 % beträgt.
   Recherchieren Sie dazu die molaren Massen der Substanzen im Internet.
2. Für eine Rezeptur sind 1,5 g Natriummonohydrogenphosphat verordnet. Es ist jedoch nur Natriummonohydrogenphosphat-Dihydrat verfügbar.

   Berechnen Sie die benötigte Menge an Natriummonohydrogenphosphat-Dihydrat, wenn der Gehalt 98,2 % bezogen auf die getrocknete Substanz und der Trocknungsverlust 19,9 % beträgt.
   Die molaren Massen sind M(Natriummonohydrogenphosphat) = 142,0 g/mol und M(Natriummonohydrogenphosphat-Dihydrat) = 178,0 g/mol.
3. Auf Patientenwunsch soll ein Brausepulver hergestellt werden mit 400 mg Calciumionen je Dosis. Die dafür zu verwendende Substanz ist Calciumlactat-Pentahydrat. Es hat laut Prüfzertifikat einen Gehalt von 99,5 % und einen Trocknungsverlust von 23,0 %.
   M(Calcium) = 40,1 g/mol, M(Calciumlactat) = 254,3 g/mol, M(Calciumlactat-Pentahydrat) = 308,3 g/mol
   Berechnen Sie die für eine Kapsel benötigte Menge an Calciumlactat-Pentahydrat.

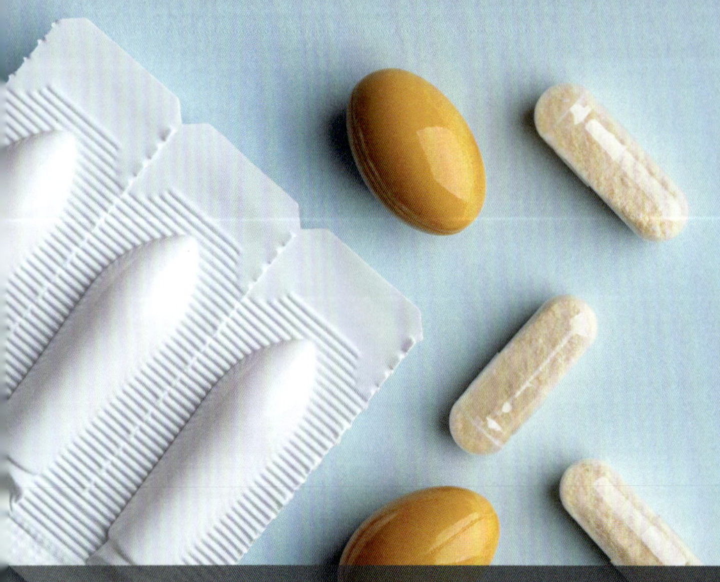

7 Besondere Arzneiformen

Sollen in der Apotheke einzeln dosierte Arzneiformen wie Kapseln oder Suppositorien angefertigt werden, dann sind zum Teil etwas längere Berechnungen nötig. Bei den Kapseln hängt die Berechnung dabei von der Wirkstoffmenge und der Herstellungsmethode ab. Die Suppositorien erfordern unterschiedliche Mehreinwaagen in Abhängigkeit von der Anzahl der herzustellenden Zäpfchen. Auf diese Besonderheiten und auf die Isotonisierung von Augentropfen soll im Folgenden kurz eingegangen werden.

7.1 Kapseln

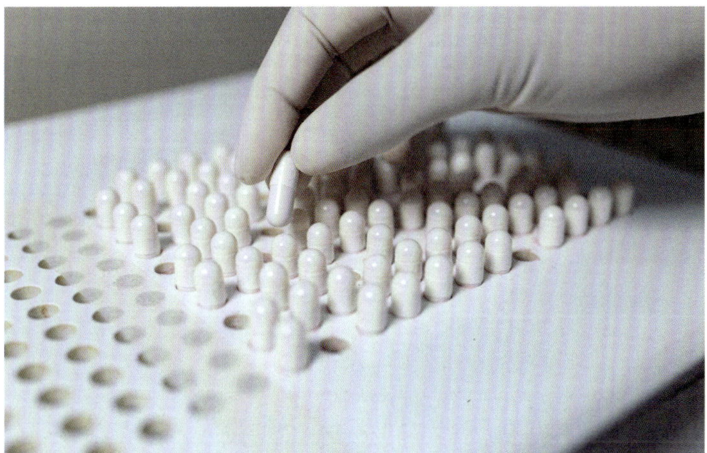

Kapseln sind eine bezüglich der Herstellung recht anspruchsvolle Arzneiform. Einige Wirkstoffverluste lassen sich nicht gänzlich vermeiden und werden durch entsprechende Mehreinwaagen kompensiert. Je nach Herstellungsvorschrift und Wirkstoffanteil an der Kapselfüllung kommen verschiedene Herstellungsmethoden zum Einsatz. Im Folgenden werden wir uns auf die Berechnung von Kapseln mit Pulverfüllung beschränken.

Um zu entscheiden, welche Herstellungsmethode verwendet wird, brauchen wir ein paar kleine Rechnungen. Näheres zu den Herstellungsmethoden findet man unter DAC/NRF I.9.3.

7.1.1 Allgemeines

Kapseln werden so gefüllt, dass das Volumen ihrer Unterteile exakt gefüllt ist und kein Pulver der Füllung mehr übrigbleibt.

Tab. 7.1 Kapseldaten

Kapselgröße	Nennvolumen	Ungefähre Masse an Standardfüllmittel	Masse der Kapselhülle
00	0,95 ml	475 mg	112 – 138 mg
0	0,68 ml	340 mg	88 – 108 mg
1	0,5 ml	250 mg	68 – 84 mg
2	0,37 ml	185 mg	57 – 69 mg

Kapseldaten

Dazu ist es sinnvoll einige Daten zu den Kapselhüllen zu haben. Häufig verwendet werden Kapseln der Größen 0 und 1.

Für die exakte Füllmenge kann entweder die gravimetrische Methode (▸ Kap. 7.1.2) oder eine Kalibriermethode (▸ Kap. 7.1.3) verwendet werden.

Abkürzungen bei Rezepturen

Für die Verordnung von Kapseln werden zwei verschiedene Varianten verwendet. Entweder wird die Menge für alle Kapseln angegeben, oder die Angabe in der Verordnung bezieht sich auf eine einzelne Kapsel. Diese Information versteckt sich gerne hinter lateinischen Abkürzungen.

AUF EINEN BLICK

M.f. caps. div. in part. aequal. Nr. ...	Die Menge der Verordnung bezieht sich auf **alle** Kapseln. Zur Ermittlung der Herstellungsmethode und der Menge in einer Kapsel muss durch die Anzahl geteilt werden.
M.f. caps. dent. tal. dos. Nr. ...	Die Menge der Verordnung bezieht sich auf **eine** Kapsel. Zur Ermittlung der Einwaage muss mit der Anzahl der Kapseln multipliziert werden.

Produktionszuschlag

Unabhängig von der Methode muss der Wirkstoff gleichmäßig verteilt werden. Es hat sich gezeigt, dass bei der Herstellung stets Verluste auftreten, und zwar vorrangig beim Wirkstoff und weniger beim Füllmittel. Deshalb wird der Wirkstoff mit einem Produktionszuschlag versehen. Die genauen Höhen der Zuschläge für einzelne Wirkstoff und Dosierungen müssen noch experimentell ermitteln und validiert werden. Dazu gibt es auf der Homepage des ZL unter Apothekenpraxis/Kapselherstellung schon Empfehlungen für einige Wirkstoffe.

NOCH MEHR INFOS

https://www.zentrallabor.com/pdf/4-Kapselherstellung_Wirkstoffzuschlag.pdf

Als Faustregel kann momentan gelten:

- bei sehr niedriger Dosierung je Kapsel (< etwa 20 mg) 10 % Zuschlag (Faktor $f_p = 1{,}1$),
- bei höheren Dosierungen 5 % Zuschlag (Faktor $f_p = 1{,}05$),
- höhere Zuschläge nur in begründeten Ausnahmefällen.

MERKE
Ein Produktionszuschlag bei Kapseln erfolgt nur auf den Wirkstoff, nicht auf das Füllmittel.

Fließmittelzusatz

Um den Wirkstoff gleichmäßig im Füllmittel verteilen zu können, sollte er eine sehr kleine Teilchengröße aufweisen. Dazu kann es nötig sein, den Wirkstoff mit hochdispersem Siliciumdioxid zu verreiben. Die zugesetzte Menge an hochdispersem Siliciumdioxid wird mittels Faktors in die abzuwiegende Menge Wirkstoff eingerechnet.

$$\text{Faktor für die Verreibung} = \frac{\textit{Masse Wirkstoff + Masse Siliciumdioxid}}{\textit{Masse Wirkstoff}}$$

$$f_{SiO2} = \frac{m_{WS} + m_{SiO2}}{m_{WS}}$$

Dieser Faktor funktioniert analog der Umrechnung bei den Stammverreibungen.

Berechnung der Wirkstoffeinwaage

Eigentlich ist diese Überschrift nicht ganz korrekt. Von Wirkstoffeinwaage kann man nur sprechen, wenn keine Verreibung mit hochdispersem Siliciumdioxid erfolgt ist, sonst sollte man korrekter von einer Einwaage der wirkstoffhaltigen Mischung m_{wM} sprechen.

Für diese Masse m_{wM} muss man die Faktoren für den Produktionszuschlag f_p und den Fließmittelzusatz f_{SiO2}, sowie den Einwaagekorrekturfaktor f mit der verordneten Wirkstoffmenge multiplizieren.

$$m_{wM} = \text{verordnete Wirkstoffmenge je Kapsel} \cdot \text{Anzahl der Kapseln} \cdot f \cdot f_p \cdot f_{SiO2}$$

Beispiele:

1. Verordnet sind 60 Kapseln mit einem Gehalt von 2 mg Sildenalafil je Kapsel. Der Einwaagekorrekturfaktor ist mit 1,021 vermerkt. Aufgrund der Teilchengröße wurde eine Vorverreibung mit hochdispersem Siliciumdioxid hergestellt, dabei wurde 150 mg Sildenalafil mit 20 mg hochdispersem Siliciumdioxid verrieben.

   Berechnung:

   $$f_{SiO2} = \frac{m_{WS} + m_{SiO2}}{m_{WS}} = \frac{150\ mg + 20\ mg}{150\ mg} = 1{,}133$$

   m_{wM} = verordnete Wirkstoffmenge je Kapsel · Anzahl der Kapseln · $f \cdot f_p \cdot f_{SiO2}$
   m_{wM} = 2 mg · 60 · 1,021 · 1,1 · 1,133 = 152,696676 mg
   Es müssen 152,70 mg der Sildenalafil-Siliciumdoxid-Verreibung abgewogen werden.

2. Die Verordnung aus Beispiel 1 wird mit einer Sildenalafil-Qualität hergestellt, bei der keine Vorverreibung nötig ist. Der Einwaagekorrekturfaktor ist trotzdem zufällig 1,021.

   Berechnung
   Der Faktor f_{SiO2} entfällt hier.
   m_{wM} = verordnete Wirkstoffmenge je Kapsel · Anzahl der Kapseln · $f \cdot f_p$
   m_{wM} = 2 mg · 60 · 1,021 · 1,1 = 134,8 mg
   Es müssen 134,8 mg Sildenalafil abgewogen werden.

Übung 1

1. Verordnet sind 30 Kapseln zu je 100 mg Allopurinol. Das Allopurinol soll mit 2 % Siliciumdioxid verrieben werden. Der Einwaagekorrekturfaktor für das Allopurinol ist 1,019. Berechnen Sie die einzuwiegende Menge für den Ansatz.
2. Hergestellt werden sollen 20 Kapseln mit je 2,5 mg Minoxidil. Der Einwaagekorrekturfaktor wurde berechnet und beträgt 1,034. Berechnen Sie die Einwaagemenge für den Ansatz.

7.1.2 Gravimetrische Methode

Bei dieser Methode rechnet man die Füllmittelmenge nach der Kapselgröße aus. Da die Kapselgröße auf ein Volumen normiert ist, geht das nur, wenn die Dichte des Füllmittels genau bekannt ist. Der Wirkstoff darf zu keinen großen Veränderungen der Dichte in der Mischung des Kapselinhalts führen. Deshalb ist diese Methode nur begrenzt einsetzbar.

Möglich für:

- standardisierte Vorschriften,
- standardisierte Füllmittel mit definierter Schüttdichte und
- niedrig dosierte Kapseln.

Ungeeignet ist die Methode für die Herstellung von Kapseln mit hohem Wirkstoffgehalt oder Kapseln aus Fertigarzneimitteln.

Die Berechnung ist nicht schwierig. Zum einen rechnet man die Wirkstoffmenge nach ▸Kap. 7.1.1 aus. Zum anderen muss man die Füllmittelmenge berechnen. Dazu benötigt man die Füllmasse für eine Kapsel mit dem gegebenen Füllmittel. Diese multipliziert man mit der Anzahl der Kapseln und zieht die Wirkstoffmenge davon ab.

Beispiel:

Hydrocortison-Kapseln 1 mg (nach DAC/NRF-Rezepturenfinder)

Zusammensetzung

Hydrocortison	0,0010 g
Mannitol-Siliciumdixid-Füllmittel (S. 38.)	0,2490 g
Hartgelatine-Steckkapselhülle Gr. 1	1 Stück

Die Schüttdichte des Füllmittels beträgt etwa 0,5 g/ml. Das Volumen der Kapsel Gr. 1 ist 0,5 ml. Somit ist die Füllmasse etwa 250 mg (▸Kap. 4.1).

Hergestellt werden sollen 120 Kapseln.

Der Wirkstoff hat einen Einwaagekorrekturfaktor von 1,019. Die Dosierung beträgt weniger als 20 mg je Kapsel, deshalb rechnet man mit einem Produktionszuschlag von 10 %. Durch eine Vorverreibung ergibt sich f_{SiO_2} zu 2,01.

Berechnung

Menge der Wirkstoffverreibung:

m_{wM} = verordnete Wirkstoffmenge je Kapsel · Anzahl der Kapseln $\cdot f \cdot f_p \cdot f_{SiO2}$

$m_{wM} = 1\,mg \cdot 120 \cdot 1{,}019 \cdot 1{,}1 \cdot 2{,}01 = 270{,}4\,mg$

Menge an Füllmittel:

Füllmasse pro Kapsel · Kapselanzahl – Wirkstoffeinwaage
= Füllmittelmasse für die Rezeptur

250 mg · 120 – 270,4 mg = 29729,63892 mg ≈ 29,730 g

7.1.3 Kalibriermethode

Die Kalibriermethode arbeitet mit dem Kapselvolumen. Dadurch ist sie unabhängig von einer genauen Kenntnis der Dichte des Füllmittels. Sie eignet sich somit

- für alle Füllmittel,
- für die Herstellung von Kapseln aus Fertigarzneimitteln und
- für größere Wirkstoffmengen.

Je nach der zu verarbeitenden Wirkstoffmenge unterscheidet man verschiedene Methoden der Herstellung. Das dient zur möglichst homogenen Verteilung des Wirkstoffs im Füllmittel. Die Unterscheidung bezieht sich auf das Volumen, welches der Wirkstoff bzw. die Wirkstoffverreibung im Verhältnis zur Masse der Kapselfüllung insgesamt einnimmt.

7

Für die meisten Füllmittel kann man zur Abschätzung mit einer Schüttdichte von 0,5 g/ml rechnen. Ausnahme ist mikrokristalline Cellulose, die mit 0,3 g/ml gerechnet werden muss. Mit dem Kapselvolumen ergeben sich dann ungefähre Wirkstoffgehalte je Kapsel für die Abgrenzung der einzelnen Methoden.

Beispiel:

Verordnet sind Kapseln der Größe 1 und mikrokristalline Cellulose als Füllmittel.

Die Füllmasse würde betragen:

Füllmasse = Kapselvolumen · Schüttdichte = 0,5 ml · 0,3 g/ml = 150 mg

- **Methode A** verwendet man für Wirkstoffmengen von mehr als 50 % der Füllmasse:

  150 mg · 50 % = 75 mg

  Enthält die Kapsel also mehr als 75 mg Wirkstoff, dann arbeitet man nach Methode A.
- **Methode B – Fall 1** verwendet man für Wirkstoffmengen von weniger als 10 % der Füllmasse:

  150 mg · 10 % = 15 mg

  Enthält die Kapsel also weniger als 15 mg Wirkstoff, dann arbeitet man nach Methode B1.
- **Methode B – Fall 2** verwendet man für Wirkstoffmengen von mehr als 10 % (aber weniger als 50 %) der Füllmasse:
  Enthält die Kapsel also mehr als 15 mg, aber nicht mehr als 75 mg Wirkstoff, dann arbeitet man nach Methode B2.

Die Wirkstoffmasse bezieht sich dabei auf die Menge an Wirkstoff bzw. Wirkstoff-Verreibung, die verwendet wird.

Tab. 7.2 Methodenübersicht nach Wirkstoffmasse (Faustregel)

Methode	Schüttdichte Füllmittel 0,5 g/ml		Schüttdichte Füllmittel 0,3 g/ml	
	Größe 0	Größe 1	Größe 0	Größe 1
A	> 170 mg	> 125 mg	> 102 mg	> 75 mg
B – Fall 1	< 34 mg	< 25 mg	< 20 mg	< 15 mg
B – Fall 2	34 mg bis 170 mg	25 mg bis 125 mg	20 mg bis 102 mg	15 mg bis 75 mg

Übung 2

1. Es liegt folgende Verordnung vor:

Rp.		Hinweise
Diphenhydraminhydrochlorid	0,5	Einwaagekorrekturfaktor Diphenhydraminhydrochlorid = 1,015
Mannitol-Siliciumdioxid-Füllmittel (NRF S. 38.)	qs	

   Hartgelatinekapseln Gr. 1

   M. f. caps. div. in part. aequal. Nr. XX

   a) Berechnen Sie die Mengen für den Ansatz.
   b) Welche Herstellungsmethode muss gewählt werden?

2. Verordnet ist die Rezeptur Neomycinsulfat-Kapseln 250 mg (NRF 21.5):

   Rp.

   Neomycinsulfat (sprühgetrocknet) 193 750 I. E.

   Hochdisperses Siliciumdioxid 0,0014 g

   Cellulose-Siliciumdioxid-Füllmittel (S. 54) zu 0,36 g

   Hartgelatine-Steckkapselhülle Gr. 0

   M. f. caps. dent. tal. dos. Nr. XXX

   Hinweise:
   Die verwendete Charge Neomycinsulfat hat eine Aktivität von 690 I. E./mg laut Deklaration. Die Gehaltsbestimmung ergibt einen Gehalt von 98,9 %. Daraus muss der Einwaagekorrekturfaktor berechnet werden.
   Für das Neomycinsulfat ist ein Produktionszuschlag von 2 % nötig.
   a) Berechnen Sie die Mengen für den Ansatz.
   b) Welche Herstellungsmethode wird verwendet?

7.2 Suppositorien und Vaginalovula

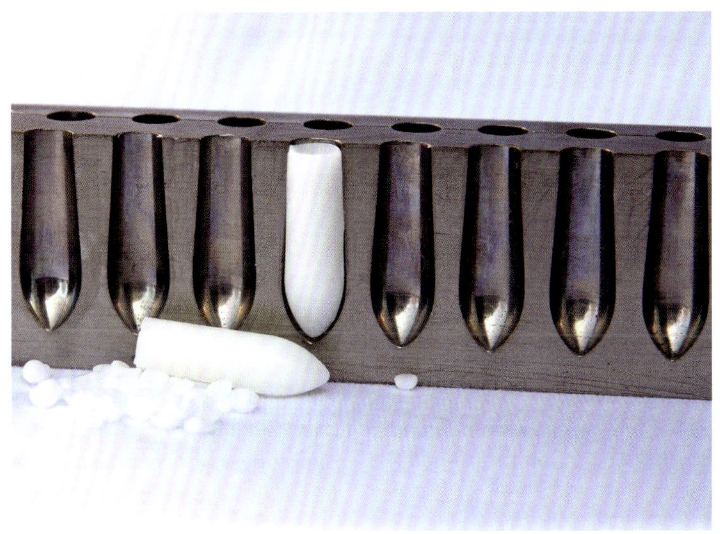

Sowohl Zäpfchen als auch Vaginalovula werden nach dem gleichen Prinzip hergestellt und damit auch berechnet.

Für die Zäpfchen gibt es unterschiedlich große Formen, die mit 1 g, 2 g oder 3 g angegeben sind. Diese Werte können für die Rechnungen nicht verwendet werden, da es nur Richtwerte für die Größe sind, die je nach Grundlage deutlich schwanken. Gleiches gilt für die Ovulaformen, die mit 3 g angegeben sind.

Die benötigte Menge an Wirkstoff wird stets berechnet. Die Menge an Grundlage kann entweder berechnet werden, wenn der Verdrängungsfaktor des Wirkstoffs und der Eichwert der Gießform bekannt sind, oder nach Münzel praktisch ermittelt werden.

7.2.1 Ansatzmenge

Grundsätzlich muss für Zäpfchenrezepturen immer deutlich mehr Ansatz gemacht werden als für die benötigte Zahl an Zäpfchen rechnerisch nötig wäre. Grund dafür sind Reste in den Schmelzbehältnissen und Entmischungstendenzen am Ende des Gießvorgangs.

Das DAC/NRF empfiehlt z. B. die in ◘ Tab. 7.3 angegebenen Mehransätze.

Die Wirkstoffmenge für einen Ansatz wird also immer aus der verordneten Menge plus dem Mehransatz berechnet.

Beispiel:

Verordnet sind 10 Zäpfchen mit 0,5 g Paracetamol je Zäpfchen.

Die nötige Wirkstoffmenge ist dann für 10 Zäpfchen (verordnet) + 5 Zäpfchen (Mehransatz) zu berechnen: $0{,}5\,g \cdot (10 + 5) = 0{,}5\,g \cdot 15 = 7{,}5\,g$.

Tab. 7.3 Suspensionszäpfchen

Verordnete Menge Suppositorien	Mehransatz
Bis 6	4
7 bis 10	5
11 bis 20	6
21 bis 30	10
31 bis 40	9

7.2.2 Berechnung der Grundlage

In jede Zäpfchengießform passt eine genau definierte Menge von jeder Grundlage. Wird der Grundlage ein Wirkstoff zugegeben, dann ändert sich die Dichte der Mischung und damit auch die Masse, die in eine Hohlform passt. Diese Änderung lässt sich mit dem Verdrängungsfaktor einrechnen.

Eichwert

Die Menge Grundlage, die in eine Öffnung einer Metallgießform passt, kann experimentell ermittelt werden. Alternativ gibt es für manche Grundlagen und die 10er-Gieß- und Verpackungsformen aus Kunststoff Tabellen mit Kalibrierwerten.

Um herauszufinden, wie viel ein Zäpfchen mit der gewünschten reinen Grundlage wiegt, gießt man alle Zäpfchen aus, entfernt die Gießschwarte und wiegt die fertigen Grundlagenzäpfchen gemeinsam. Der Wert wird dann durch die Anzahl der Suppositorien geteilt. Die durchschnittliche Masse eines Zäpfchens bezeichnet man als Eichwert.

Formel – Eichwert

$$\text{Eichwert} = \frac{\textit{Masse von n Zäpfchen}}{n}$$

$$\bar{E} = \frac{E}{n}$$

Verdrängungsfaktor

Wird zu der Grundlage nun ein Wirkstoff gemischt, dann ändert sich die Dichte und damit auch die Masse. Das Ausmaß der Änderung ist abhängig von der Grundlage und dem Wirkstoff. Rechnerisch lässt sich diese Änderung mit dem Verdrängungsfaktor erfassen.

Verdrängungsfaktoren verschiedener Wirkstoffe in der häufigen Hartfett-Grundlage findet man in der DAC-Anlage F.

Für Stoffe, die nicht in dieser Anlage stehen, kann man nach DAC/NRF als Faustregel folgenden Faktor ohne großen Fehler verwenden:

Wirkstoffanteil < 5 % — Faktor = 1

Organische Moleküle mit Wirkstoffanteil 5 bis 20 % in Hartfettmasse — Faktor = 0,7

Organische Moleküle mit Wirkstoffanteil 5 bis 20 % in Macrogol- oder Glycerol-Gelatine-Masse — Faktor = 1,0

Für Wasser und wässrige Lösungen — Faktor = 0,92

Tab. 7.4 Werte für den Verdrängungsfaktor einiger Substanzen in Hartfett

Arzneistoff	Verdrängungsfaktor f
Bisacodyl	0,76
Budesonid-Dextrin-Verreibung 1 + 99	0,7
Codein-Monohydrat	0,74
Diazepam	0,70
Dimenhydrinat	0,75
Mesalazin	0,57
Paracetamol	0,72

MERKE

Bei Dosierungen zwischen 0,1 g und 1,0 g (steigender Einfluss mit höherer Konzentration) soll der Verdrängungsfaktor f zumindest auf eine Nachkommastelle genau berücksichtigt werden.
(Quelle: DAC/NRF I.12.3.1 Feste Zubereitungen zur rektalen und vaginalen Anwendung)

Sind der Verdrängungsfaktor f und der Eichwert $\bar{E}$ bekannt, dann kann die Menge an notwendiger Grundlage nach der folgenden Formel berechnet werden:

Formel – Masse Suppositoriengrundlage

$$m(Grundlage) = n \cdot (\bar{E} - f \cdot m(Wirkstoff))$$

Dabei ist

- *m(Grundlage)* die Masse an Grundlage für alle Zäpfchen des Ansatzes,
- *n* die Anzahl der Zäpfchen im Ansatz, also verordnete Menge + Mehransatz,
- $\bar{E}$ die durchschnittliche Masse eines Zäpfchens aus reiner Grundlage (= Eichwert),
- *f* der Verdrängungsfaktor und
- *m(Wirkstoff)* die Masse an Wirkstoff (mit Einwaagekorrekturfaktor) oder Hilfsstoff in einem Zäpfchen.

Sind mehrere Wirk- oder Hilfsstoffe enthalten, dann wird für jeden Stoff $f \cdot m(Wirkstoff)$ abgezogen.

Beispiel:

Verordnung		**Hinweise**
1 Zäpfchen enthält:		
Budesonid	0,002 g	Budesonid liegt als Verreibung mit Dextrin 1 + 99 mit einem Einwaagekorrekturfaktor von 1,022 vor.
Mesalazin	0,5 g	
Hartfett	q. s.	Mesalazin hat einen Einwaagekorrekturfaktor von 1,011.

Es sollen 6 Suppositorien in 2 g-Formen gegossen werden. Der Eichwert für die Form beträgt bei Hartfett 2,12 g.

Berechnung

Ansatzmenge: 6 Suppositorien sind verordnet, der Mehransatz beträgt laut Tabelle 4 Stück, folglich wird ein Ansatz für 10 Suppositorien berechnet.

- Einwaagemenge Wirkstoff Budesonid:
  Menge für 10 Suppositorien: 0,002 g · 10 = 0,020 g
- Budesonid-Dextrin-Verreibung:
  1 Teil Budesonid entspricht 100 Teile Verreibung
  0,02 g entspricht x
  x = 0,02 g · 100 = 2,00 g
  Einwaagekorrektur: 2,00 g · 1,022 = 2,044 g (für 10 Suppositorien)
  Für ein Suppositorium 0,2044 g (zum Einsetzen in die Formel für die Suppositorien-grundlage).
- Einwaagemenge Wirkstoff Mesalazin:
  Einwaagekorrektur: 0,5 g · 10 · 1,011 = 5,055 g (für 10 Suppositorien)
  Für ein Suppositorium 0,5055 g (zum Einsetzen in die Formel für die Suppositorieng-rundlage).
- Menge an Grundlage (Hartfett):

$$m(Grundlage) = n \cdot (\bar{E} - f \cdot m(Wirkstoff\,1) - f \cdot m(Wirkstoff\,2))$$

$$m(Hartfett) = 10 \cdot (2{,}12\,g - 0{,}7 \cdot 0{,}2044\,g - 0{,}57 \cdot 0{,}5055\,g) = 16{,}89\,\mathrm{g}$$

- Für den Ansatz von 10 Zäpfchen müssen also 2,04 g Budesonid-Dextrin-Verreibung, 5,06 g Mesalazin und 16,89 g Hartfett eingewogen werden.

Übung 3

1. Es sind 12 Zäpfchen zu 2 g mit je 150 mg Dimenhydrinat in Hartfett herzustellen. Der Eichwert der Zäpfchengießform liegt bei 1,985 g für Hartfett. Der Einwaagekorrekturfaktor für Dimenhydrinat ist 1,025.
   Berechnen Sie die Menge an Wirkstoff und Grundlage für den Ansatz.
2. Herzustellen sind 8 Hartfett-Zäpfchen mit 100 mg Indometacin je Stück. Der Einwaagekorrekturfaktor für Indometacin beträgt 1,032. Der Eichwert der Gießform liegt bei 1,95 g.
   Berechnen Sie die Menge an Wirkstoff und Grundlage für den Ansatz.

7.3 Augentropfen

Auch Augentropfen sind keine ganz einfache Arzneiform. Zusätzlich zu Sterilität und aseptischer Herstellung sollten sie für den Patienten möglichst schmerzfrei anzuwenden sein. Dazu ist es nötig, die Augentropfen zu isotonisieren. Zusätzlich sollten sie einen pH-Wert nahe des pH-Wertes der Tränenflüssigkeit haben.

7.3.1 Isotonie

Isotonie bedeutet im physiologischen Sinn, dass eine Lösung bzw. die Augentropfen den gleichen osmotischen Druck haben wie unsere Zellen.

Dieser Druck ist mit einem bestimmten Gehalt an Ionen gleichzusetzen.

- Hat eine Lösung mehr gelöste Teilchen pro Liter als der Zellinhalt, dann ist sie hyperton.
- Hat sie weniger gelöste Teilchen, dann liegt eine hypotone Lösung vor.

Da an einer Zellmembran keine freie Diffusion herrscht, wird beim Kontakt mit hypertonen oder hypotonen Lösungen Wasser durch die Zellmembran verschoben. Die Effekte sieht man in ○ Abb. 7.1. Diese Vorgänge sind am Auge mit Schmerzen verbunden. Falls Sie versehentlich schon mal mit Leitungswasser (hypoton/hypoosmotisch) statt mit einer isotonen Salzlösung eine Nasenspülung durchgeführt haben, können Sie sich vielleicht vorstellen, was gemeint ist.

Die Körperzellen enthalten im Schnitt 289 mosmol/l. Dieser Wert leitet sich von Mol (▸Kap. 8.1.1) ab und heißt ausgesprochen 289 Milliosmol pro Liter. Osmol ist wie Mol eine Zähleinheit, nur das hier lediglich die osmotisch aktiven, gelösten Teilchen gezählt werden. Das bedeutet: Alle Teilchen, die sich nicht lösen, haben automatisch 0 Osmol. Teilchen, die Ionen bilden, haben für ein Mol Ausgangssubstanz entsprechend mehr Osmol. Natriumchlorid besteht z. B. aus zwei Ionen, haben wir eine Lösung mit 1 mol/l NaCl, dann hat diese Lösung 2 osmol/l.

Als isotonisch gilt eine 0,9%ige Kochsalzlösung. Lösungen zeigen auch Gefrierpunktserniedrigung, das heißt, Wasser, in dem Salz gelöst ist, wird nicht bei 0 °C zu Eis, sondern erst bei niedrigeren Temperaturen. Wir nutzen das im Winter, wenn Streusalz ausgebracht wird.

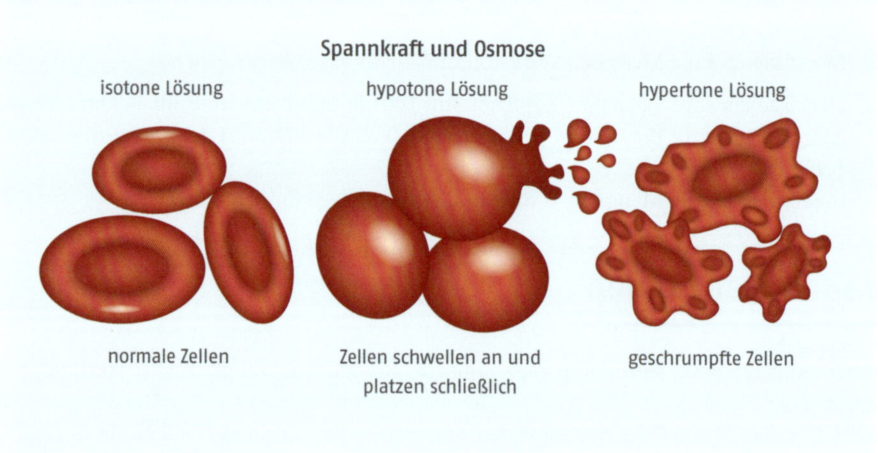

○ **Abb. 7.1** Effekt von isotonen, hypotonen und hypertonen Lösungen auf Zellen

7.3.2 Berechnung der Isotonisierung

Mit den Werten für die spezifische Gefrierpunktserniedrigung, bezogen auf eine 1%ige Lösung, können wir berechnen, wie viel eines Stoffes wir zusetzen müssen, um eine Lösung isotonisch zu machen.

Bezugswert ist die Gefrierpunktserniedrigung einer 0,9%igen NaCl-Lösung, die 0,52 Kelvin (K) beträgt.

Formel – Isotonisierungsmittel

$$\text{Prozentanteil Isotonisierungsmittel} = \frac{0{,}52 - n \cdot \Delta T_s}{\Delta T_I}$$

n = Wirkstoff- bzw. Hilfsstoffgehalt in Prozent in der Lösung
ΔT_s = Spezifische Gefrierpunktserniedrigung einer 1%igen Lösung des Wirk- bzw. Hilfsstoffes gegenüber reinem Wasser in K
ΔT_I = Spezifische Gefrierpunktserniedrigung des Isotonisierungsmittels gegenüber reinem Wasser in K
0,52 = Gefrierpunktserniedrigung der Tränenflüssigkeit gegenüber reinem Wasser in K

(nach: DAC/NRF, DAC-Anlage B Angaben zur Isotonisierung)

Die spezifische Gefrierpunktserniedrigung lässt sich oft aus Tabellenwerken ablesen. Hierzu beispielhaft einige Werte aus der DAC-Anlage B.

Tab. 7.5 Spezifische Gefrierpunktserniedrigung einiger Stoffe

Stoff	$\Delta T_{s\ bzw.\ I}$ in K
Atropinsulfat	0,07
Borsäure	0,28
Cefuroxim-Natrium	0,08 (berechneter Wert)
Dexpanthenol	0,09
Ethacridinlactat-Monohydrat	0,03
Mannitol	0,10
Natriumchlorid	0,58
Natriumdihydrogenphosphat-Dihydrat	0,21
Natriummonohydrogenphosphat-Dodecahydrat	0,13
Natriumtetraborat	0,28
Tetracainhydrochlorid	0,11

7

Für Stoffe, die sich nicht in einer Tabelle finden, gibt es noch die Möglichkeit, die spezifische Gefrierpunktserniedrigung näherungsweise zu berechnen. Dazu muss bei Elektrolyten die Wertigkeit der einzelnen Ionen bekannt sein.

Zur Berechnung braucht man die molare Gefrierpunktserniedrigung bei nahezu isotonischer Konzentration (L_{iso}), diese ist für Stoffe mit ähnlichem Aufbau fast identisch.

Formel – ΔT_S

$$\Delta T_S = \frac{L_{iso} \cdot 10}{M_r}$$

Dabei ist M_r die relative Molekülmasse des Stoffes. Das entspricht der molaren Masse ohne Einheit.

Beispiele:

1. Gesucht ist die spezifische Gefrierpunktserniedrigung ΔT_S von Glucose.
   Die molare Masse von Glucose ist 180 g/mol, damit ist Mr = 180. L_{iso} kann man der Tabelle entnehmen (◘ Tab. 7.6).

   $$\Delta T_S = \frac{L_{iso} \cdot 10}{M_r} = \frac{1{,}9 \cdot 10}{180} = 0{,}1055 \text{ K}$$

2. Es sollen 50,0 g Augentropfen mit 5 % Cefuroxim-Gehalt hergestellt werden.
   Zur Isotonisierung wird Mannitol verwendet. Als Wirkstoff wird Cefuroxim-Natrium verwendet, der Gehalt der Rezeptursubstanz beträgt 100 %, ein Trocknungsverlust ist nicht zu berücksichtigen. Gelöst werden beide Stoffe in Wasser für Injektionszwecke.

   Berechnung:

   - Cefuroxim (M = 424,4 g/mol) muss auf die Rezeptursubstanz Cefuroxim-Natrium (M = 446,4 g/mol) umgerechnet werden (▸ Kap. 6.2.1)

     $$f = \frac{100\,\%}{100\,\%} \cdot \frac{446{,}4\,\frac{g}{mol}}{424{,}4\,\frac{g}{mol}} = 1{,}052$$

     Einwaage Cefuroxim-Natrium = 50,0 g · 5 % · 1,052 = 2,63 g
     Das entspricht 2,63 g in 50 g, also x = 5,26 g in 100 g, das sind 5,26 %
   - Mannitol-Konzentration
     Prozentanteil Isotonisierungsmittel $= \frac{0{,}52 - n \cdot \Delta T_s}{\Delta T_I} = \frac{0{,}52 - 5{,}26 \cdot 0{,}08}{0{,}10} = 0{,}992$
     Es sind 0,992 % Mannitol zuzugeben.
     Die Werte für ΔT_S und ΔT_I sind aus ◘ Tab. 7.5 zu entnehmen.
   - Mannitol-Menge
     50,0 g · 0,992 % = 0,496 g
     Für die Rezeptur sind somit 2,63 g Cefuroxim-Natrium und 0,496 g Mannitol einzuwiegen und mit Wasser für injektionszwecke auf 50,0 g zu ergänzen. Die Wassereinwaage ist also 46,87 g.

Tab. 7.6 L_{iso}-Werte – Beispiele (nach DAC-Anlage B)

Typ des gelösten Stoffes	Wertigkeit Kation	Wertigkeit Anion	L_{iso}	Beispiel
Nichtelektrolyte	entfällt	entfällt	1,9	Glucose
Schwache Elektrolyte	nicht relevant	nicht relevant	2,0	Alkaloidbasen
Elektrolyte	2	2	2,0	Magnesiumsulfat
Elektrolyte	1	1	3,4	Natriumchlorid
Elektrolyte	1	2	4,3	Atropinsulfat-Monohydrat
Elektrolyte	2	1	4,8	Magnesiumchlorid
Elektrolyte	1	3	5,2	Natriumcitrat
Elektrolyte	3	1	6,0	Aluminiumchlorid-Hexahydrat

Übung 4

1. Berechnen Sie die spezifische Gefrierpunktserniedrigung ΔT_S von
   a) Calciumchlorid
   b) Harnstoff (Summenformel CH_4N_2O)
2. Herzustellen sind 50,0 g Augentropfen mit 1 % Tetracain-Hydrochlorid als Wirkstoff und 5,0 g Natriumtetraborat-Lösung 0,1 %. Die Menge an Natriumchlorid zur Isotonisierung muss berechnet werden. Ergänzt wird mit Wasser für Injektionszwecke. Einwaagekorrekturfaktoren müssen nicht berücksichtigt werden.

8 Stöchiometrie und Titrationen

Führen wir im Labor Eingangsprüfungen durch, dann sind auch manchmal kleine Berechnungen nötig. Häufig ist ein Trocknungsverlust zu ermitteln. Seltener wird im Rahmen der Apotheke der Gehalt bestimmt. Der in diesem Zusammenhang auftretende Begriff „Stöchiometrie“ klingt schwieriger als er ist, auch wenn hier Mathematik und Chemie in Kombination auftreten. Zur Beruhigung sei gesagt: Die meisten der Berechnungen lassen sich mit einem Dreisatz lösen.

8.1 Größen, Einheiten, Begriffe

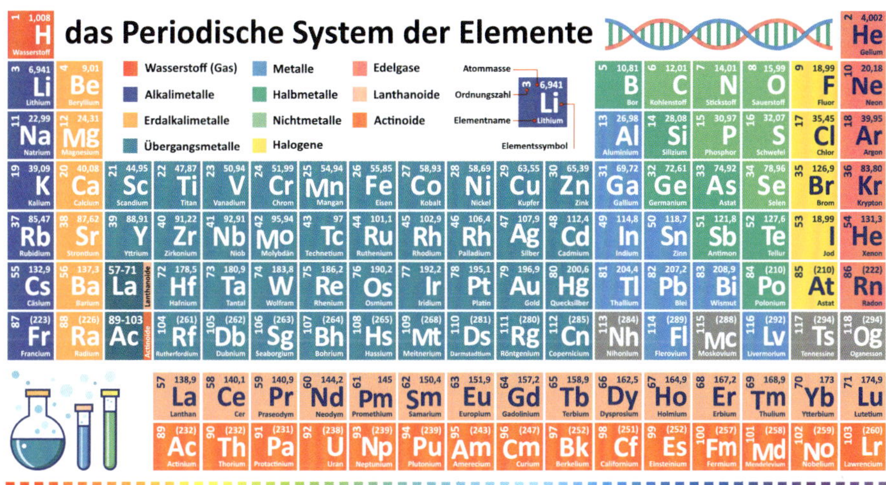

Um chemisch rechnen zu können brauchen wir noch ein paar Größen und Einheiten zusätzlich zu den schon bekannten und ein Periodensystem der Elemente (PSE) als Spicker.

Die bekannten Größen, die wir brauchen, sind die Masse m und das Volumen V.

8.1.1 Stoffmenge

Die Stoffmenge ist eine chemische Methode, Teilchen zu zählen. Sobald eine Spatelspitze Substanz verwendet wird, sind darin viele Millionen Atome enthalten. Für chemische Rechnungen müssen wir wissen, wie viele Teilchen reagieren. Deshalb hat man eine Zähleinheit eingeführt, die schönere Zahlen ergibt.

Diese Einheit ist das Mol. Ein Mol sind $6{,}022 \cdot 10^{23}$ Teilchen. Ganz ähnlich, wie ein Paar immer zwei oder ein Dutzend immer 12 Stücke sind. Dabei ist es egal, um welche Teilchen es sich handelt. Es können Atome, Ionen, Moleküle oder aber auch Mäuse oder Elefanten sein (**o** Abb. 8.1).

Das Formelzeichen für die Stoffmenge ist ein n. Die Einheit ist mol, nur kleingeschrieben.

n(Fe) = 2 mol heißt dann übersetzt: Die Stoffmenge von Eisen ist 2 Mol, also zweimal $6{,}022 \cdot 10^{23}$ Teilchen = $1{,}2044 \cdot 10^{24}$ Teilchen.

8.1.2 Molare Masse

Die molare Masse M gibt an, wie viel ein Mol Teilchen einer Substanz an Masse auf die Waage bringt. Wenn die Formel des Stoffes bekannt ist, dann hat man immer auch schon automatisch die molare Masse. Man muss sie nur kurz mit dem Periodensystem berechnen.

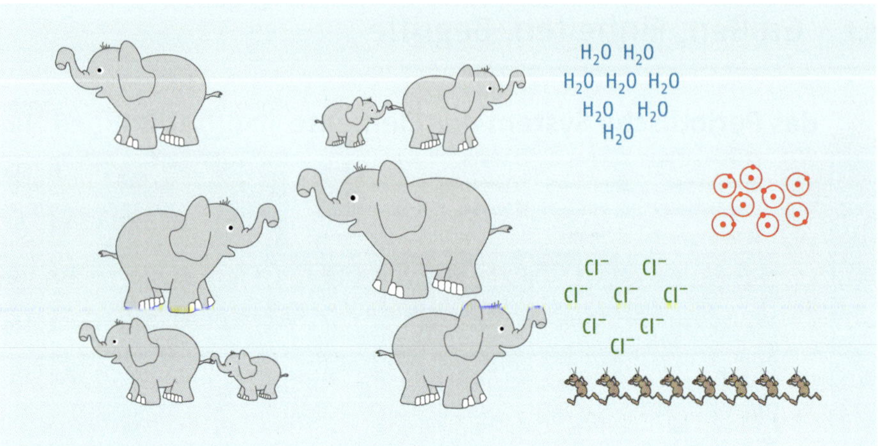

Abb. 8.1 Mol

Das Formelzeichen für die molare Masse ist M, die Einheit ist g/mol.

Die molare Masse berechnet man, indem man die Atommassen aller beteiligten Atome addiert. Diese lassen sich aus dem Periodensystem ablesen. Für chemische Rechnungen hat es sich bewährt, die Massen aus dem PSE auf eine Stelle nach dem Komma zu runden, sofern mehrere Stellen angegeben sind. Auch das Arzneibuch gibt die molare Masse auf eine Stelle nach dem Komma gerundet an.

Beispiel:

$M(Na_2SO_4) = 2 \cdot 23{,}0\,g/mol + 32{,}1\,g/mol + 4 \cdot 16{,}0\,g/mol = 142{,}1\,g/mol$

Etwas schwieriger ist es bei Substanzen mit Kristallwasser. Hier ist zu beachten, dass das „Mal" aus der Formel zu einem „Plus" in der Rechnung wird.

$M(Na_2SO_4 \cdot 10\,H_2O) = 2 \cdot 23{,}0\,g/mol + 32{,}1\,g/mol + 4 \cdot 16{,}0\,g/mol + 10 \cdot (2 \cdot 1{,}0\,g/mol + 16\,g/mol) = 142{,}1\,g/mol + 180{,}0\,g/mol = 322{,}1\,g/mol$

Stoffmenge und molare Masse stehen über die Masse miteinander in Verbindung. Der Zusammenhang lässt sich durch folgende Formel abbilden:

Formel – Molare Masse

$$\textit{Molare Masse} = \frac{\textit{Masse}}{\textit{Stoffmenge}}$$

$$M = \frac{m}{n}$$

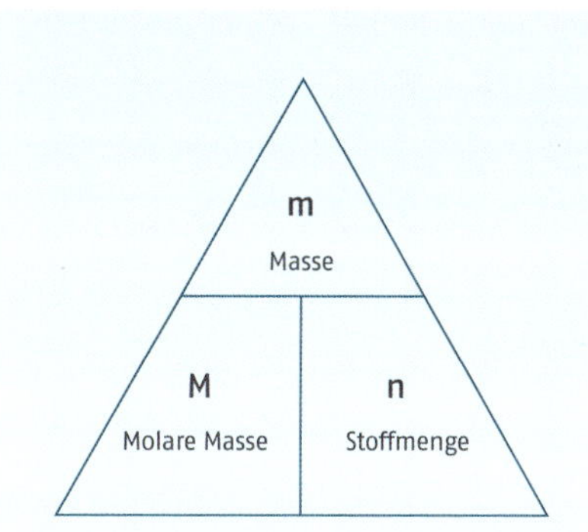

Abb. 8.2 Hilfsdreieck molare Masse

Tab. 8.1 aufgelöste Formeln zur molaren Masse

gesuchte Größe	Formel
Molare Masse M	$M = \frac{m}{n}$
Stoffmenge n	$n = \frac{m}{M}$
Masse m	$m = n \cdot M$

Beispiele:

1. Berechnen Sie die Masse für 0,1 mol Salzsäure.
   $M(HCl) = 1{,}0\,g/mol + 35{,}5\,g/mol$
   $m = n \cdot M = 0{,}1\,mol \cdot 36{,}5\,g/mol = 3{,}65\,g$
2. Berechnen Sie die Stoffmenge für 10 g Natriumcarbonat.
   $M(Na_2CO_3) = 2 \cdot 23{,}0\,g/mol + 12{,}0\,g/mol + 3 \cdot 16{,}0\,g/mol = 106{,}0\,g/mol$
   $n(Na_2CO_3) = \frac{m}{M} = \frac{10\,g}{106\,g/mol} = 0{,}0944\,mol$

NOCH MEHR INFOS
Weiteres Beispiel: Berechnung der molaren Masse von Alaun

Übung 1

1. Berechnen Sie die molare Masse von
   a) Ammoniumchlorid NH_4Cl
   b) Bittersalz $MgSO_4 \cdot 7\,H_2O$
2. Berechnen Sie die Massen von
   a) 3 mol Natriumhydroxid
   b) 0,2 mol Schwefelsäure
3. Berechnen Sie die Stoffmenge von
   a) 1 g Kaliumpermanganat
   b) 0,5 g Hydrocortison ($C_{21}H_{30}O_5$)

8.1.3 Stoffmengenkonzentration

Die Stoffmengenkonzentration gibt an, welche Anzahl an Teilchen sich in einem Liter einer Lösung befindet. Die Anzahl wird in mol angegeben.

Das Formelzeichen für die Stoffmengenkonzentration ist c. Die Einheit ist mol/l. Diese Einheit wird häufig mit dem Begriff „molar" abgekürzt.

Eine 1 molare NaOH-Lösung enthält somit 1 mol/l. Man kann auch sagen $6{,}022 \cdot 10^{23}$ Teilchen NaOH in einem Liter Lösung. Man kann auch schreiben NaOH-Lösung 1 M.

8

Für Rechnungen mit der Stoffmengenkonzentration lässt sich diese Formel anwenden:

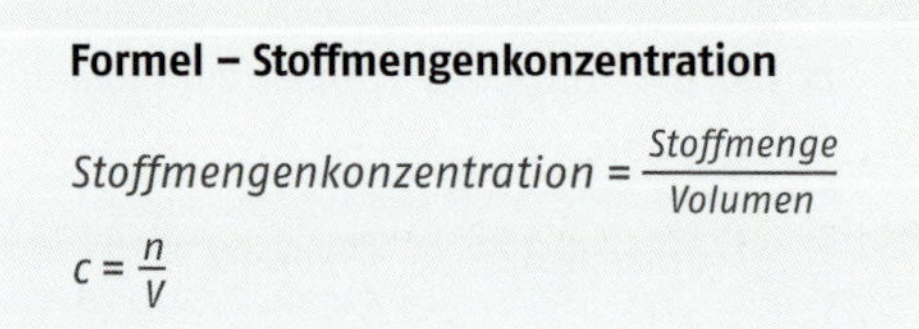

Formel – Stoffmengenkonzentration

$$\textit{Stoffmengenkonzentration} = \frac{\textit{Stoffmenge}}{\textit{Volumen}}$$

$$c = \frac{n}{V}$$

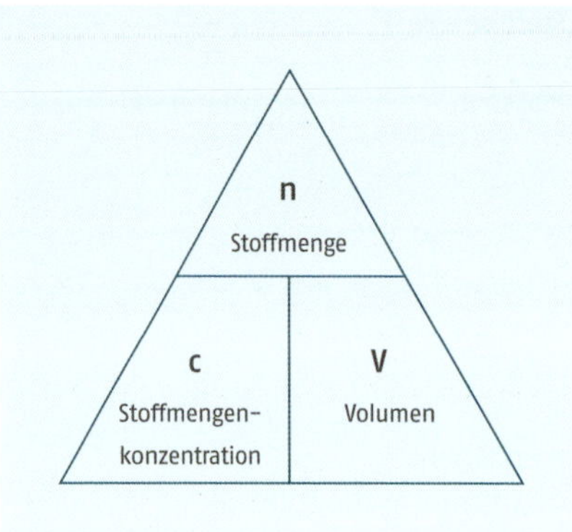

Abb. 8.3 Hilfsdreieck Stoffmengenkonzentration

Tab. 8.2 aufgelöste Formeln zur Stoffmengenkonzentration

gesuchte Größe	Formel
Stoffmengenkonzentration c	$c = \frac{n}{V}$
Stoffmenge n	$n = c \cdot V$
Volumen V	$V = \frac{n}{c}$

Beispiele:

1. Sie sollen 500 ml einer 0,1-molaren NaOH-Lösung herstellen.
   a) Berechnen Sie die benötigte Stoffmenge.
   Gegeben:
   c = 0,1 mol/l; V = 0,5 l
   Gesucht: n
   $n = c \cdot V = 0{,}1\ \text{mol/l} \cdot 0{,}5\ \text{l} = 0{,}05\ \text{mol}$
   b) Berechnen Sie die Menge NaOH, die eingewogen werden muss.
   Gegeben: m
   n = 0,05 mol; M(NaOH) = 23,0 g/mol + 16,0 g/mol + 1,0 g/mol = 40,0 g/mol
   Die molare Masse kann immer als gegeben betrachtet werden, wenn die Formel bekannt ist.
   Gesucht:
   $m = n \cdot M = 0{,}05\ \text{mol} \cdot 40{,}0\ \text{g/mol} = 2{,}0\ \text{g}$
   Es müssen 2,0 g Natriumhydroxid eingewogen werden.
2. Berechnen Sie die Stoffmenge in 200 ml 2-molarer Bariumchlorid-Lösung.
   $n = c \cdot V = 2\ \text{mol/l} \cdot 0{,}2\ \text{l} = 0{,}4\ \text{mol}$
   Es sind 0,4 Mol Bariumchlorid enthalten.
3. Berechnen Sie die Stoffmengenkonzentration für eine Lösung, die 0,05 Mol Substanz in 3 Liter Lösung enthält.
   $c = \frac{n}{V} = \frac{0{,}05\ mol}{3\ l} = 0{,}01\overline{6}\ mol/l$

Übung 2

1. Sie sollen 400 ml einer 0,2 molaren NaCl-Lösung herstellen. Berechnen Sie die Masse an NaCl, die Sie einwiegen müssen.
2. Berechnen Sie die Stoffmenge in 800 ml 1,5 M Salzsäure.
3. Berechnen Sie die Stoffmengenkonzentration für eine Lösung, die 0,6 Mol Substanz in 250 ml Lösung enthält.

8.1.4 Äquivalenzkonzentration

Die Äquivalenzkonzentration ist ähnlich der Stoffmengenkonzentration, allerdings werden nicht die Teilchen gezählt, die gelöst wurden, sondern die Teilchen, die tatsächlich reagieren können.

An dieser Stelle wird das Rechnen mit etwas mehr Chemie verknüpft. Das bedeutet man „zählt" bei Redoxreaktionen die Elektronen, die aufgenommen oder abgegeben werden und bei Säure-Base-Reaktionen die Protonen.

Das Formelzeichen ist c_{eq}. Die Einheit bleibt mol/l. Man bezeichnet die Lösungen dann als „normal".

Hat man die NaOH mit c = 1 mol/l von oben, dann ändert sich eigentlich nichts, da ein NaOH-Teilchen nur ein Proton binden kann. Man kann also auch schreiben: c_{eq}(NaOH) = 1 mol/l oder NaOH-Lösung 1N (1-normal).

Anders sieht es bei Schwefelsäure aus. Diese kann 2 Protonen je Molekül abgeben. Haben wir jetzt 1 Mol Schwefelsäure pro Liter, dann sind das 2 Mol Protonen. Die Lösung ist somit 1-molar, aber 2-normal.

Ähnliches gilt auch für Redoxreaktionen, wobei man dann immer die konkrete Reaktion im Kopf haben muss, damit man weiß, wie viele Elektronen übergehen. Beispiel: Permanganat reagiert in saurer Lösung zu Mangan(II)-Ionen, dabei werden 5 Elektronen aufgenommen.

NOCH MEHR INFOS
Kaliumpermanganatlösung 0,1M

Tab. 8.3 Schreibweisen für Stoffmengen- und Äquivalentkonzentrationen

Stoffmengenkonzentration			Äquivalentkonzentration		
$c(H_2SO_4)$ = 1 mol/l	1M H_2SO_4	H_2SO_4 1-molar	$c_{eq}(H_2SO_4)$ = 2 mol/l	2N H_2SO_4	H_2SO_4 2-normal
c(NaOH) = 1 mol/l	1M NaOH	NaOH 1-molar	c_{eq}(NaOH) = 1 mol/l	1N NaOH	NaOH 1-normal
$c(MnO_4^-)$ = 1 mol/l	1M Permanganatlösung	Permanganatlösung 1-molar	$c_{eq}(MnO_4^-)$ = 5 mol/l	5N Permanganatlösung	Permanganatlösung 5-normal

Diejenigen, denen das jetzt zu kompliziert aussieht, seien beruhigt: Man kann das auch anders rechnen. Wichtig ist den Begriff „normal" und die Abkürzung N zu kennen und dann zu wissen, dass es sich auf die Protonen oder Elektronen bezieht.

MERKE

Die Bezeichnung 1M bei Lösungen steht für 1-molar und bedeutet, dass 1 Mol Teilchen in 1 Liter Lösung enthalten ist.

Die Bezeichnung 1N bei Lösungen steht für 1-normal und bedeutet, dass 1 Mol Protonen oder Elektronen des Stoffes in 1 Liter Lösung aufgenommen oder abgegeben werden können.

Übung 3

1. In 500 ml Lösung sind 1,5 Mol Schwefelsäure gelöst. Geben Sie in korrekter Schreibweise die Stoffmengenkonzentration und die Äquivalentkonzentration an.
2. Eine Calciumhydroxidlösung ist 1N.
   a) Erklären Sie kurz, was das bedeutet.
   b) Berechnen Sie die gelöste Stoffmenge von Calciumhydroxid.

8.2 Trocknungsverlust

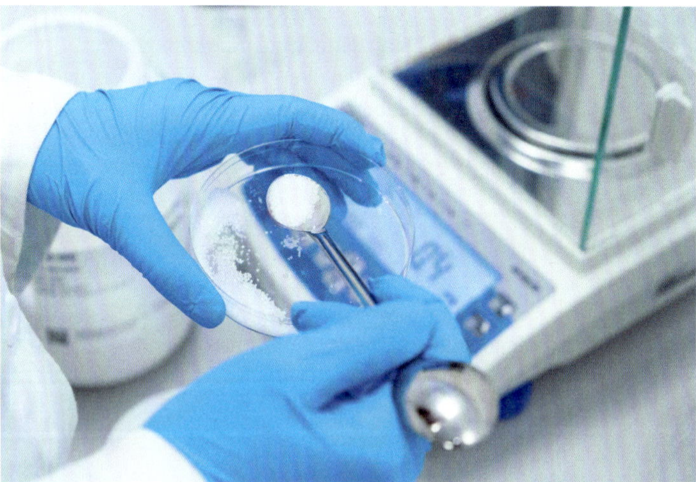

Das Arzneibuch hat einige gravimetrische Bestimmungen in den Monographien. Dabei wird eine mengenmäßige Bestimmung über Wiegen durchgeführt. Beispiele sind die Wägung von Niederschlägen, die Bestimmung der Sulfatasche und der Trocknungsverlust. Für die meisten Untersuchungen sind relativ hohe Temperaturen erforderlich. Da hierfür in der Mehrzahl der Apotheken die Geräte zur Durchführung (z. B. Muffelofen) fehlen, beschränken wir uns hier auf die Bestimmung des Trocknungsverlustes. Diese lässt sich gut durchführen und wird oft gefordert.

Ferner wird der Trocknungsverlust zum Teil benötigt, um den Einwaagekorrekturfaktor zu bestimmen.

GUT ZU WISSEN
Die Durchführung der Bestimmung des Trocknungsverlustes erfolgt nach Ph. Eur. 2.2.32. Die genauen Bedingungen für Temperatur und Menge sind für jede Substanz in der Monographie festgelegt. Die Trocknung erfolgt für eine bestimmte Zeit oder bis zur Massenkonstanz. Das heißt, zwei aufeinander folgende Wägungen dürfen sich nur um maximal 0,5 mg voneinander unterscheiden. Wichtig ist die Wägung immer nach Abkühlen im Exsikkator durchzuführen.

aha

8.2.1 Vorgehen bei der Bestimmung des Trocknungsverlustes

1. Bestimmung der Masse des getrockneten Wägegläschens leer (m_{leer}).
2. Bestimmung der Masse von Wägegläschen mit Substanz (m_{vor}).
3. Trockenen der Substanz nach Vorschrift.
4. Bestimmung der Masse von Wägegläschen mit getrockneter Substanz (m_{nach}).

Der Trocknungsverlust wird dann berechnet und in Massenprozent angegeben.

8

8.2.2 Berechnung

1. Masse der Substanz vor der Trocknung: $m_1 = m_{vor} - m_{leer}$
2. Masse der Substanz nach der Trocknung: $m_2 = m_{nach} - m_{leer}$
3. Masseverlust (Wasserverlust) durch die Trocknung: $m_w = m_1 - m_2$
4. Trocknungsverlust berechnen

Formel – Trocknungsverlust

$$\text{Trocknungsverlust} = \frac{m_w}{m_1} \cdot 100\ \% = \frac{\text{Masseverlust durch Trocknung}}{\text{Masse der Substanz vor der Trocknung}} \cdot 100\ \%$$

Beispiel:

Der Trocknungsverlust von Natriumacetat-Trihydrat darf 39,0 bis 40,5 % betragen. Es werden bei der Bestimmung folgende Werte ermittelt:

Masse Wägegläschen	25,6842 g	$= m_{leer}$
Masse Wägegläschen mit Substanz vor der Trocknung	26,6935 g	$= m_{vor}$
Masse Wägegläschen mit getrockneter Substanz	26,2918 g	$= m_{nach}$

$m_1 = m_{vor} - m_{leer} = 26{,}6935\ g - 25{,}6842\ g = 1{,}0093\ g$

$m_2 = m_{nach} - m_{leer} = 26{,}2918\ g - 25{,}6842\ g = 0{,}6076\ g$

$m_w = m_1 - m_2 = 1{,}0093\ g - 0{,}6076\ g = 0{,}4017\ g$

$\text{Trocknungsverlust} = \frac{m_w}{m_1} \cdot 100\ \% = \frac{0{,}4017\ g}{1{,}0093\ g} \cdot 100\ \% = 39{,}8\ \%$

Der Trocknungsverlust beträgt 39,8 %. Er entspricht den Vorgaben.

Übung 4

Der Trocknungsverlust einer Substanz darf maximal 6,5 % betragen. Die Wägeergebnisse sind:

Masse Wägegläschen	28,3429 g
Masse Wägegläschen mit Substanz vor der Trocknung	29,8529 g
Masse Wägegläschen mit getrockneter Substanz	29,7472 g

Entspricht die Substanz den Vorgaben?

8.3 Titrationen

Titrationen sind Gehaltsbestimmungen, bei denen eine Lösung mit bekanntem Gehalt dazu dient herauszufinden, welchen Gehalt eine andere Lösung hat. Sie lassen sich für Säure-Base-Reaktionen, Redox- oder Fällungsreaktionen anwenden. Dazu wird meist die bekannte Lösung in eine Bürette gefüllt und tropfenweise zur unbekannten Lösung im Erlenmeyerkolben gegeben bis der sogenannte Äquivalenzpunkt erreicht ist. An diesem haben genau alle Teilchen der unbekannten Lösung mit den Teilchen der bekannten Lösung reagiert. Diesen Punkt kann man entweder durch eine Farbänderung sichtbar machen oder über elektrochemische Methoden bestimmen.

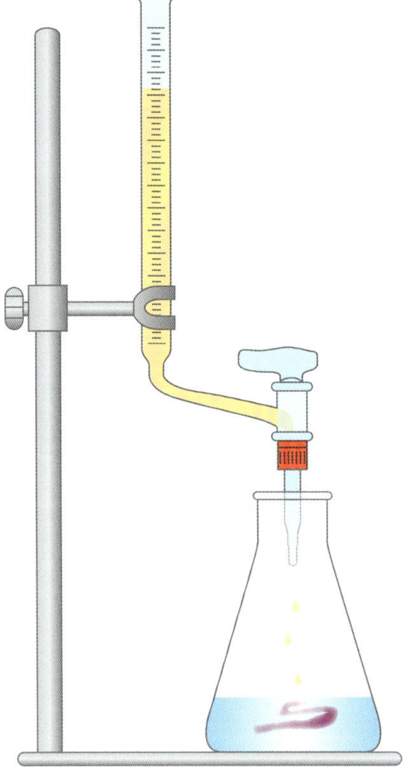

Ist der Äquivalenzpunkt erreicht und das Volumen der bekannten Lösung (= Maßlösung) notiert, dann kann man beginnen, den Gehalt zu berechnen.

8.3.1 Stöchiometrische Berechnung

Am Äquivalenzpunkt sind die Stoffmengen an reagierenden Teilchen exakt gleich. Das heißt:

- Bei Säure-Base-Titrationen wurden alle Protonen an die Brönsted-Base gebunden.
- Bei Redoxtitrationen wurden so viele Elektronen aufgenommen wie abgegeben wurden.
- Bei Fällungstitrationen haben alle Anionen einen kationischen Partner für den Niederschlag gefunden.

Für die Rechnung kann man die Stoffmengen dieser Teilchen also gleichsetzen. ACHTUNG! Dafür muss man die Äquivalente betrachten und nicht die Stoffmengen der eingesetzten Substanzen.

Nach dieser Methode kann man immer rechnen, auch wenn die entsprechende Bestimmung nicht im Arzneibuch aufgeführt ist.

Beispiel:

Gehaltsbestimmung Lithiumcarbonat nach Ph. Eur. 10.

0,250 g Substanz werden in 50 ml kohlendioxidfreiem Wasser R gelöst und mit Salzsäure (1 mol · l^{-1}) titriert. Der Endpunkt wird mit Hilfe der Potentiometrie (2.2.20) bestimmt. Das bis zum zweiten Wendepunkt zugesetzte Volumen wird abgelesen.

Die Reaktionsgleichung ist:

$$1\ Li_2CO_3 + 2\ HCl \rightarrow 2\ LiCl + 2\ H_2CO_3$$

Am Äquivalenzpunkt hat also 1 Teilchen Lithiumcarbonat mit zwei Teilchen Chlorwasserstoff reagiert. Oder anders ausgedrückt ein Lithiumcarbonat kann zwei Protonen aufnehmen.

Nach einer Titration haben wir folgende Werte:

Einwaage Substanz	0,2587 g	Analysenwaage
Verbrauch HCl	V(HCl) = 6,9 ml	Bürette
Stoffmengenkonzentration	c(HCl) = 1 mol/l	Verwendete Säure
Molare Masse	$M(Li_2CO_3) = 73,9$ g/mol	Arzneibuch, oder berechnet

Aus den Werten lässt sich die Stoffmenge der Salzsäure mit der Formel $n = c \cdot V$ berechen:

$$n(HCl) = 1\ \text{mol/l} \cdot 0,0069\ \text{l} = 0,0069\ \text{mol}$$

An dieser Stelle müssen wir nun überlegen, wie die Äquivalente eingearbeitet werden können.

8

Überlegung:

Wenn 1 Teilchen Lithiumcarbonat laut Reaktionsgleichung mit 2 Teilchen HCl reagiert, dann muss die Stoffmenge n von Lithiumcarbonat halb so groß sein, wie die von Salzsäure.

$$n(Li_2CO_3) = ½ \cdot n(HCl) = ½ \cdot 0{,}0069\,mol = 0{,}00345\,mol$$

Mit m = n · M ergibt sich daraus:

$$m(Li_2CO_3) = 0{,}00345\,mol \cdot 73{,}9\,g/mol = 0{,}254955\,g$$

Gehalt:

Um den Gehalt unserer Substanz zu berechnen, muss man diesen Wert nun durch die Einwaage teilen.

$$\text{Gehalt} = \frac{\textit{Masse laut Titration}}{\textit{Einwaage}} = \frac{0{,}254955\,g}{0{,}2587\,g} = 98{,}6\,\%$$

Der Gehalt des untersuchten Lithiumcarbonats ist 98,6 %. Das entspricht den Anforderungen der Ph. Eur., die einen Gehalt zwischen 98,5 % und 100,5 % fordert.

GUT ZU WISSEN

Im Regelfall macht man mehr als eine Bestimmung bei der Titration. Aus den Ergebnissen für den Gehalt kann man dann einen Mittelwert bilden. Aber nur, wenn die Werte nicht zu weit auseinander liegen.

Übung 5

Bestimmt werden soll der Massenprozentgehalt einer Schwefelsäure. Es wurden 1,0240 g Schwefelsäure eingewogen. Bei der Titration wurden bis zum Äquivalenzpunkt 20,1 ml einer 0,5M NaOH-Lösung verbraucht.

8.3.2 Berechnung mit dem Dreisatz

Konzentration der Maßlösung wie angegeben

Ist die Titration (wie unser Beispiel oben) im Arzneibuch aufgeführt, dann ist dort auch immer eine Äquivalenzbeziehung angegeben.

Äquivalenzbeziehung zur Gehaltsbestimmung Lithiumcarbonat

1 ml Salzsäure (1 mol·l^{-1}) entspricht 36,95 mg Li_2CO_3

So kann man sehr schnell die in der Titration ermittelte Masse an Lithiumcarbonat berechnen.

1 ml Salzsäure entspricht 36,95 mg Lithiumcarbonat

6,9 ml Salzsäure entsprechen x Lithiumcarbonat

$$x = \frac{6{,}9\,ml}{1\,ml} \cdot 36{,}95\,mg = 254{,}955\,mg$$

Nun muss nur noch der Gehalt berechnet werden. Dabei nicht vergessen, die Einwaage ebenfalls auf Milligramm umzurechnen.

$$\text{Gehalt} = \frac{\textit{Masse laut Titration}}{\textit{Einwaage}} = \frac{254{,}955 \text{ mg}}{258{,}7 \text{ mg}} = 98{,}6\ \%$$

Abweichende Konzentration der Maßlösung

In Ausnahmefällen kann es sein, dass eine Maßlösung mit einer anderen Stoffmengenkonzentration als der angegebenen verwendet wird. In diesem Fall muss diese Konzentration mit in den Dreisatz der Äquivalenzbeziehung aufgenommen werden.

Beispiel:

Verwendet wurde eine Salzsäure mit 0,5 mol/l statt der angegebenen 1 mol/l.

Einwaage Lithiumcarbonat: 0,2602 g

Verbrauch 0,5M Salzsäure: 13,9 ml

Man schreibt in eine Zeile die Äquivalenzbeziehung und darunter die tatsächlichen Werte.

Das ergibt den Ansatz:

1 ml Salzsäure (1 mol·l^{-1}) entspricht 36,95 mg Li_2CO_3

13,9 ml Salzsäure (0,5 mol/l) entspricht x

Daraus bildet man folgende Gleichung:

$$\frac{1\ ml \cdot 1 \frac{mol}{l}}{13{,}9\ ml \cdot 0{,}5 \frac{mol}{l}} = \frac{36{,}95\ mg}{x}$$

Wie beim Dreisatz gelernt, wird die Gleichung nach x aufgelöst. Das funktioniert auch, wenn mehrere Zahlen vorhanden sind.

$$x = \frac{13{,}9\ ml \cdot 0{,}5 \frac{mol}{l} \cdot 36{,}95\ mg}{1\ ml \cdot 1 \frac{mol}{l}} = 256{,}8025\ mg$$

$$\text{Gehalt} = \frac{\textit{Masse laut Titration}}{\textit{Einwaage}} = \frac{256{,}8025 \text{ mg}}{260{,}2 \text{ mg}} = 98{,}7\ \%$$

Übung 6

Für die Gehaltsbestimmung von Zinkoxid lautet die Äquivalenzbeziehung

1 ml Natriumedetat-Lösung (0,1 mol·l^{-1}) entspricht 8,14 mg ZnO.

Berechnen Sie den Gehalt der Substanz, wenn für eine Einwaage von 0,1481 g, 18,1 ml der Maßlösung verbraucht wurden.

8

8.3.3 Der Faktor

Bisher haben wir noch nicht berücksichtigt, dass die verwendete Maßlösung eine geringfügig andere Konzentration haben kann als in der Vorschrift angegeben ist.

Das tritt jedoch häufiger auf. Gründe dafür können Instabilitäten sein oder einfach die Tatsache, dass die Wägung für die Maßlösung nicht so genau erfolgen kann.

In diesem Fall muss ein Faktor für die Maßlösung bestimmt werden und in die Rechnung einbezogen werden.

Maßlösungen mit Urtitersubstanzen

Urtitersubstanzen sind Stoffe, die sehr stabil gegenüber äußeren Einflüssen wie Luftfeuchtigkeit und Sauerstoff sind. Ihr Gehalt ist exakt bekannt. Bei Maßlösungen aus diesen Substanzen wird der Faktor aus der Einwaage berechnet.

$$\text{Faktor} = \frac{\textit{tatsächliche Einwaage}}{\textit{theoretische Einwaage}}$$

Ist der Faktor kleiner als 1, dann enthält die Lösung weniger Teilchen als erwartet, z. B. 0,998 mol statt 1 mol in einem Liter.

Ist der Faktor größer als 1, dann enthält die Lösung mehr Teilchen als erwartet.

Maßlösungen ohne Urtitersubstanzen

Sie enthalten Stoffe, die im Gegensatz zu den Urtitersubstanzen nicht so genau abgewogen werden können. Bei diesen Maßlösungen wird der Faktor durch Titration mit einer anderen Maßlösung mit bekanntem Gehalt bestimmt. Der Faktor wird über die Volumina dieser Maßlösung bestimmt.

$$\text{Faktor} = \frac{\textit{tatsächlicher}\ \text{Verbrauch}}{\textit{theoretischer}\ \text{Verbrauch}}$$

Der Faktor in der Berechnung

Der Faktor sollte immer auf der Flasche der Maßlösung vermerkt sein.

Die Berechnungen funktionieren dann so:

Stöchiometrische Berechnung

Der Rechenweg bleibt wie oben. Nur die Konzentration der Maßlösung wird korrigiert.

Nehmen wir noch mal das **Beispiel** von oben (▸ Kap. 8.3.1) und haben aber einen Faktor von 1,020 für die 1M Salzsäurelösung.

$$1\ Li_2CO_3 + 2\ HCl \rightarrow 2\ LiCl + 2\ H_2CO_3$$

Nach einer Titration haben wir die Werte:

Einwaage Substanz	0,2587 g	Analysenwaage
Verbrauch HCl	V(HCl) = 6,9 ml	Bürette
Stoffmengenkonzentration	c(HCl) = 1 mol/l	Verwendete Säure, F = 1.020
Molare Masse	$M(Li_2CO_3)$ = 73,9 g/mol	Arzneibuch, oder berechnet

Jetzt muss die Stoffmengenkonzentration korrigiert werden:

tatsächliche Stoffmengenkonzentration = Faktor · theoretische Stoffmengenkonzentration

$$c_{tat}(HCl) = F \cdot c(HCl) = 1{,}020 \cdot 1\ mol/l = 1{,}020\ mol/l$$

Mit diesem korrigierten Wert wird dann gerechnet wie oben.

$$n(HCl) = 1{,}020\ mol/l \cdot 0{,}0069\ l = 0{,}007038\ mol$$

$$n(Li_2CO_3) = \tfrac{1}{2} \cdot n(HCl) = \tfrac{1}{2} \cdot 0{,}007038\ mol = 0{,}003519\ mol$$

$$m(Li_2CO_3) = 0{,}003519\ mol \cdot 73{,}9\ g/mol = 0{,}2600541\ g$$

$$\text{Gehalt} = \frac{\textit{Masse laut Titration}}{\textit{Einwaage}} = \frac{0{,}2600541\ g}{0{,}2587\ g} = 100{,}5\ \%$$

Berechnung mit dem Dreisatz

Bei der Berechnung mit dem Dreisatz wird der Faktor mit in die Äquivalenzbeziehung und die Gleichung aufgenommen. In der oberen, der theoretischen Zeile, ist er 1,000. In der unteren Zeile wird der tatsächliche Wert eingesetzt.

1 ml Salzsäure (1 mol·l/1) · 1,000 entspricht 36,95 mg Li_2CO_3

6,9 ml Salzsäure (1 mol/l) · 1,020 entspricht x

Daraus bildet man folgende Gleichung:

$$\frac{1\ ml \cdot 1\ \frac{mol}{l} \cdot 1{,}000}{6{,}9\ ml \cdot 1\ \frac{mol}{l} \cdot 1{,}020} = \frac{36{,}95\ mg}{x}$$

Wie beim Dreisatz gelernt, wird die Gleichung nach x aufgelöst. Das funktioniert auch, wenn mehrere Zahlen vorhanden sind.

$$x = \frac{6{,}9\ ml \cdot 1\ \frac{mol}{l} \cdot 1{,}020 \cdot 36{,}95\ mg}{1\ ml \cdot 1\ \frac{mol}{l} \cdot 1{,}000} = 260{,}0541\ mg$$

$$\text{Gehalt} = \frac{\textit{Masse laut Titration}}{\textit{Einwaage}} = \frac{0{,}2600541\ g}{0{,}2587\ g} = 100{,}5\ \%$$

8

Übung 7

0,9784 g Kaliumdihydrogenphosphat werden in 50 ml CO_2-freiem Wasser gelöst und mit Natriumhydroxid-Lösung (1 mol·l^{-1}), Faktor 1,005 titriert.

Der Verbrauch an Maßlösung ist 7,2 ml.

Die Äquivalenzbeziehung nach Arzneibuch lautet:

1 ml Natriumhydroxid-Lösung (1 mol·l^{-1}) entspricht 0,1361 g KH_2PO_4

Berechnen Sie den Gehalt der Substanz auf zwei verschiedene Arten.

8.3.4 Rücktitration

Eine Rücktitration ist erforderlich, wenn die Substanz, deren Gehalt bestimmt werden soll, langsam reagiert oder der Äquivalenzpunkt bei direkter Titration nicht gut zu erkennen ist. Bei der Rücktitration kommt dann eine zweite Maßlösung ins Spiel, die im Überschuss zugesetzt wird.

Gehaltsbestimmung Milchsäure nach Ph. Eur. 10.

1,000 g Substanz wird in einem Erlenmeyerkolben mit Schliffstopfen mit 10 ml Wasser R und 20,0 ml Natriumhydroxid-Lösung (1 mol·l^{-1}) versetzt. Der Kolben wird verschlossen und 30 min lang stehen gelassen.
Nach Zusatz von 0,5 ml Phenolphthalein-Lösung R als Indikator wird die Lösung mit Salzsäure (1 mol·l^{-1}) bis zum Verschwinden der Rosafärbung titriert.
1 ml Natriumhydroxid-Lösung (1 mol·l^{-1}) entspricht 90,1 mg $C_3H_6O_3$.

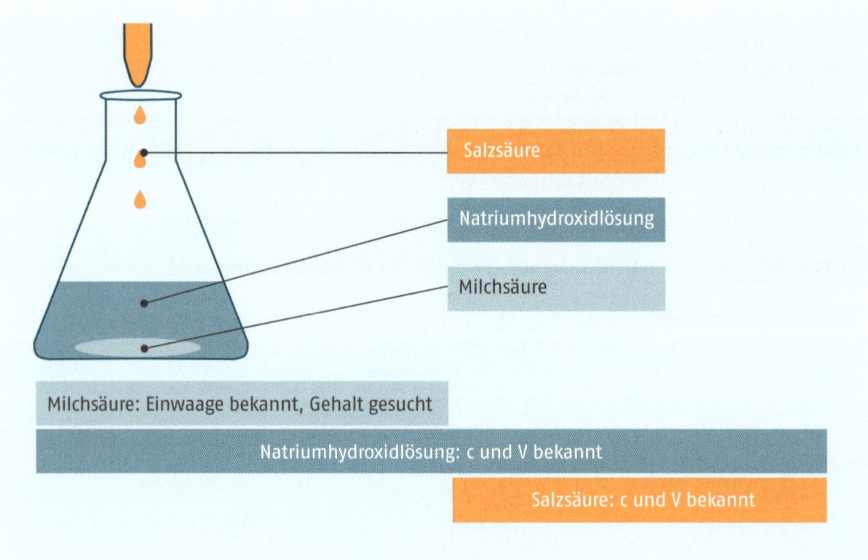

Abb. 8.4 Schema zur Rücktitration

Vorgehen:

1. Substanz (Milchsäure) auf der Analysenwaage abwiegen.
2. Bekannte Menge Maßlösung 1 (Natriumhydroxid) zugeben. Ein Teil davon reagiert mit der Milchsäure.
3. Rest der Maßlösung 1 mit einer zweiten Maßlösung (Salzsäure) titrieren.
4. Rechnen.

Beispiel:

Einwaage Milchsäure	1,0043 g	Analysenwaage
Faktor 1M NaOH-Lösung	0,998	steht auf der Flasche
Faktor 1M HCl-Lösung	0,997	steht auf der Flasche
Verbrauch 1M HCl	9,4 ml	Bürette

- Berechnung des mit Faktor korrigierten Volumens an NaOH-Lösung:

  $V_{korr}(\text{NaOH-Lösung}) = 0{,}998 \cdot 20{,}0\,\text{ml} = 19{,}96\,\text{ml}$

  (Dieses Volumen an NaOH-Lösung mit genau 1 mol/l wäre im Kolben.)
- Berechnung des mit Faktor korrigierten Volumens an HCl-Lösung:

  $V_{korr}(\text{HCl-Lösung}) = 0{,}997 \cdot 9{,}4\,\text{ml} = 9{,}3718\,\text{ml}$

  (Dieses Volumen an HCl-Lösung mit genau 1 mol/l wäre verbraucht worden.)
- Berechnung des Volumens an NaOH-Lösung, das von der Milchsäure verbraucht wurde:

  $V_{Milchsäure}(\text{NaOH-Lösung}) = V_{korr}(\text{NaOH-Lösung}) - V_{korr}(\text{HCl-Lösung})$
  $= 19{,}96\,\text{ml} - 9{,}3718\,\text{ml} = 10{,}5882\,\text{ml}$
- Berechnung der titrierten Menge an Milchsäure mit dem Dreisatz:
  1 ml Natriumhydroxid-Lösung entspricht 90,1 mg Milchsäure
  10,5882 ml entspricht x

  $x = \frac{10{,}5882\,ml}{1\,ml} \cdot 90{,}1\,mg = 953{,}99682\,mg$
- Berechnung des Gehalts

  $\text{Gehalt} = \frac{\textit{Masse laut Titration}}{\textit{Einwaage}} = \frac{953{,}99682\,\text{mg}}{1004{,}3\,\text{mg}} = 95{,}0\,\%$

Damit wäre der Gehalt der Milchsäure ausnahmsweise zu hoch, da im Arzneibuch ein Gehalt von 88 % bis 92 % gefordert ist. Die Substanz entspricht somit nicht dem Arzneibuch!

Übung 8

0,148 g Phenazon wurden in 20 ml Wasser R gelöst und mit Natriumacetat und verdünnter Essigsäure versetzt. Dann wurden 25,0 ml Iod-Maßlösung (0,05 mol/l), Faktor 0,989 zugegeben.

Titriert wurde mit Natriumthiosulfat-Lösung (0,1 mol/l), Faktor 1,006. Der Verbrauch an dieser Maßlösung war 9,1 ml.

Die Äquivalenzbeziehung nach Arzneibuch lautet:

1 ml Iod-Lösung (0,05 mol/l) entspricht 9,41 mg Phenazon

Berechnen Sie den Gehalt der eingewogenen Phenazon-Substanz.

8

9 Taxation

Die Taxation in der Apotheke ist die Ermittlung des Apothekenabgabepreises. OTC-Arzneimittel können frei kalkuliert werden. Preise von Arzneimitteln, die zu Lasten der Gesetzlichen Krankenversicherung (GKV) abgegeben werden, sind nach der Arzneimittelpreisverordnung (AMPreisV) zu berechnen. Ergänzend dazu finden sich in der Hilfstaxe die zwischen Deutschem Apothekerverband und den Gesetzlichen Krankenkassen ausgehandelten Preise für z. B. Gefäße und Ausgangsstoffe, die für die Berechnung von Rezepturen benötigt werden.

Falsche Berechnungen führen zur Retaxation durch die Krankenkassen.

9.1 Fertigarzneimittel § 3 AMPreisV

Auf die Berechnung der Apothekenabgabepreise für Fertigarzneimittel sind wir bei den Prozentrechnungen schon kurz eingegangen (▸ Kap. 3.6.2).

9.1.1 Fertigarzneimittel für Menschen

Für Fertigarzneimittel zur Anwendung am Menschen gilt:

AEK_{netto}	$\cdot$ 1,03	+ 8,35 Euro	+ 0,21 Euro	+ 0,20 Euro	= AVK_{netto}
↑	↑	↑	↑	↑	↑
Apotheken-einkaufspreis netto	3 % Fest-zuschlag	Festzuschlag	Notdienst-zuschlag	Zuschlag pharm. Dienst-leistungen	Apotheken-verkaufspreis netto

Der eigentliche Abgabepreis AVK_{brutto} berechnet sich aus dem AVK_{netto} zuzüglich der Umsatzsteuer:

$$AVK_{brutto} = AVK_{netto} \cdot 1{,}19$$

Beispiel:

Unser Arzneimittel kostet die Apotheke im Einkauf ohne MwSt 50 Euro. Berechnet werden soll der Verkaufspreis brutto, wenn es sich um ein Humanarzneimittel handelt.

Hier die Berechnung in einer anderen Schreibweise:

Apothekeneinkaufspreis netto	50,00 Euro
+ 3 % Festzuschlag	+ 1,50 Euro
+ Festzuschlag	+ 8,35 Euro
+ Notdienstzuschlag	+ 0,21 Euro
+ Zuschlag pharmazeutische Dienstleistungen	+ 0,20 Euro
Apothekenverkaufspreis netto	60,26 Euro
+ 19 % MwSt	+ 11,45 Euro
Apothekenverkaufspreis brutto	71,71 Euro

9.1.2 Grippeimpfstoffe

Bei Abgabe von Grippeimpfstoffen an Ärzte gelten andere Regeln.

Hier darf auf den Apothekeneinkaufspreis ohne Mehrwertsteuer für jede Einzeldosis 1 Euro aufgeschlagen werden. Allerdings darf der Zuschlag in einer Zeile der Verordnung maximal 75 Euro betragen. Verordnet der Arzt für den Praxisbedarf also 100 Impfdosen in einer Zeile, dann darf die Apotheke auf den gesamten Einkaufspreis nur 75 Euro aufschlagen.

Zum Nettoverkaufspreis der Apotheke wird dann noch die Umsatzsteuer dazugerechnet.

Beispiele:

1. Auf einem Sprechstundenbedarfsrezept sind 30 Grippeimpfstoffe verordnet, die im Einkauf pro Stück 12,12 Euro kosten.

Apothekeneinkaufspreis netto für 30 Stück	363,60 Euro
+ 1 Euro Festzuschlag pro Stück · 30 Stück	+ 30,00 Euro
Apothekenverkaufspreis netto	393,60 Euro
+ 19 % MwSt	+ 74,78 Euro
Apothekenverkaufspreis brutto	468,38 Euro

2. Auf einem Sprechstundenbedarfsrezept sind 90 Grippeimpfstoffe in einer Zeile verordnet, die im Einkauf pro Stück 12,12 Euro kosten.

Apothekeneinkaufspreis netto für 90 Stück	1090,80 Euro
+ 1 Euro Festzuschlag pro Stück, max. 75 Euro	+ 75,00 Euro
Apothekenverkaufspreis netto	1165,80 Euro
+ 19 % MwSt	+ 221,50 Euro
Apothekenverkaufspreis brutto	1387,30 Euro

9.1.3 Fertigarzneimittel für Tiere

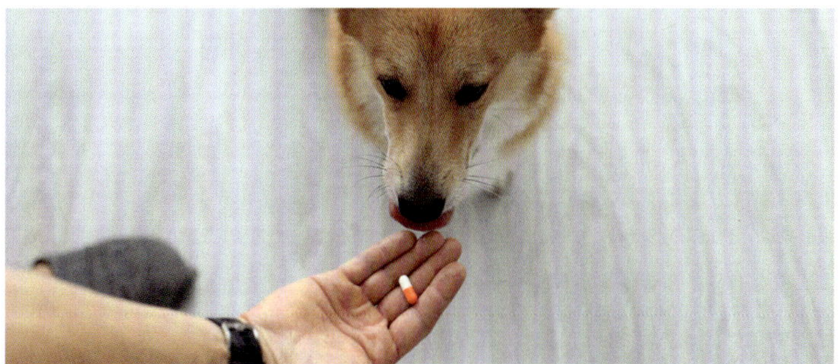

Werden Fertigarzneimittel für Tiere abgegeben wird der Preis abweichend von den Vorschriften für Menschen berechnet. Zusätzlich muss die Abgabe verschreibungspflichtiger Arzneimittel für Tiere dokumentiert werden.

Humanarzneimittel für Tiere

Humanarzneimittel dürfen für Tiere nur angewendet werden, wenn eine schriftliche Behandlungsanweisung des Tierarztes oder ein tierärztliches Rezept vorliegt.

Der Preis berechnet sich so:

AEK_{netto}	$\cdot$ 1,03	+ 8,10 Euro	= AVK_{netto}	$\cdot$ 1,19	= AVK_{brutto}
↑	↑	↑	↑	↑	↑
Apothekeeinkaufspreis netto	3 % Festzuschlag	Festzuschlag	Apothekenverkaufspreis netto	MwSt	Apothekenverkaufspreis brutto

Beispiel:

Unser Arzneimittel kostet die Apotheke im Einkauf ohne MwSt 50 Euro. Berechnet werden soll der Verkaufspreis brutto, wenn es sich um ein Humanarzneimittel handelt, das aber für eine Katze abgegeben wird.

Hier die Berechnung in einer anderen Schreibweise:

Apothekeneinkaufspreis netto	50,00 Euro
+ 3 % Festzuschlag	+ 1,50 Euro
+ Festzuschlag	+ 8,10 Euro
Apothekenverkaufspreis netto	59,60 Euro
+ 19 % MwSt	+ 11,32 Euro
Apothekenverkaufspreis brutto	70,92 Euro

9

Tierarzneimittel für Tiere

Bei Abgabe von Tierarzneimitteln für Tiere ist ein Höchstzuschlag festgelegt (◘ Tab. 9.1), der abhängig vom Einkaufspreis ist. Damit wird der Verkaufspreis netto berechnet. Auf diesen muss noch die Umsatzsteuer aufgeschlagen werden.

Beispiel:

Unser Arzneimittel kostet die Apotheke im Einkauf ohne MwSt 50 Euro. Berechnet werden soll der Verkaufspreis brutto, wenn es sich um ein Tierarzneimittel handelt.

Bei 50 Euro im Einkauf beträgt der Aufschlag laut Tabelle 30 % und die Umsatzsteuer.

Apothekeneinkaufspreis netto	50,00 Euro
+ 30 % Festzuschlag	+ 15,00 Euro
Apothekenverkaufspreis netto	65,00 Euro
+ 19 % MwSt	+ 12,35 Euro
Apothekenverkaufspreis brutto	77,35 Euro

◘ **Tab. 9.1** Berechnung des Apothekenabgabepreises für Tierarzneimittel

AEK_{netto} von	bis AEK_{netto}	Höchstzuschlag
0,01 Euro	1,22 Euro	68 %
1,23 Euro	1,34 Euro	0,83 Euro
1,35 Euro	3,88 Euro	62 %
3,89 Euro	4,22 Euro	2,41 Euro
4,23 Euro	7,30 Euro	57 %
7,31 Euro	8,67 Euro	4,16 Euro
8,68 Euro	12,14 Euro	48 %
12,15 Euro	13,55 Euro	5,83 Euro
13,56 Euro	19,42 Euro	43 %
19,43 Euro	22,57 Euro	8,35 Euro
22,58 Euro	29,14 Euro	37 %
29,15 Euro	35,94 Euro	10,78 Euro
35,95 Euro	543,91 Euro	30 %
ab 543,92 Euro		8,263 % zzgl. 118,24 Euro

Übung 1

1. Berechnen Sie den Abgabepreis für ein Arzneimittel, das im Einkauf netto 5 Euro kostet.
   a) Es handelt sich um ein Arzneimittel zur Anwendung am Menschen.
   b) Es handelt sich um ein Humanarzneimittel zur Anwendung am Tier.
   c) Es handelt sich um ein Tierarzneimittel.
2. Berechnen Sie den Abgabepreis für ein Arzneimittel, das im Einkauf netto 600 Euro kostet.
   a) Es handelt sich um ein Arzneimittel zur Anwendung am Menschen.
   b) Es handelt sich um ein Humanarzneimittel zur Anwendung am Tier.
   c) Es handelt sich um ein Tierarzneimittel.

9.2 Stoffe §4 AMPreisV

Werden Stoffe in der Apotheke nur umgefüllt oder abgepackt, ohne dass eine weitere Verarbeitung erfolgt, dann gilt ein Aufschlag von 100% auf den Apothekeneinkaufspreis netto. Anschließend muss noch die Umsatzsteuer dazugerechnet werden.

AEK_{netto}	$\cdot 2$	$\cdot 1{,}19$	$= AVK_{brutto}$
↑	↑	↑	↑
Apothekeneinkaufspreis netto	100% Festzuschlag	MwSt	Apothekenverkaufspreis brutto

Der Apothekeneinkaufspreis wird anteilig nach der Substanzmenge berechnet. Das heißt, wenn wir 50 g aus einer Packung mit 1 kg abfüllen, dann dürfen wir nur $\frac{50}{1000}$ des Einkaufspreises bzw. des vereinbarten Basispreises aus der Hilfstaxe berechnen.

Beispiel:

Ein Kunde möchte 100 g weißes Vaselin. Der Basispreis laut Hilfstaxe ist 9,32 Euro für 1000 g. Eine 100 g-Kruke mit Deckel ist mit 0,38 Euro gelistet.

Berechnung:

Vaselin, weiß	$9{,}32\ \text{Euro} \cdot \frac{100\ g}{1000\ g} = 0{,}932\ \text{Euro}$	$0{,}932\ \text{Euro} \cdot 2 =$	1,96 Euro
Kruke		$0{,}38\ \text{Euro} \cdot 2 =$	0,76 Euro
AVK_{netto}			2,72 Euro
AVK_{brutto}		$2{,}72\ \text{Euro} \cdot 1{,}19 =$	3,24 Euro

9

9.3 Rezepturen § 5 AMPreisV

Bei Rezepturen wird auf die einzelnen Stoffe und das Gefäß ein Aufschlag von 90 % berechnet. Dazu kommt ein Rezepturzuschlag, der abhängig ist von der Menge und der Art der Zubereitung und ein weiterer Festzuschlag von 8,35 Euro. Auf die Summe dieser Beträge wird noch die Umsatzsteuer erhoben.

Wirkstoff(e)	AEK_{netto} + 90 %
Hilfsstoff(e)	AEK_{netto} + 90 %
Gefäß	AEK_{netto} + 90 %
Rezepturzuschlag	nach Art und Menge der Zubereitung (◘ Tab. 9.2)
Festzuschlag	+ 8,35 Euro
MWSt	+ 19 %
Apothekenabgabepreis	= AVK_{brutto}

MERKE

Die Einkaufspreise der Wirk- und Hilfsstoffe werden wieder anteilig an der gelieferten Menge berechnet.

Produktionszuschäge und Mengenkorrekturen für den Einwaagekorrekturfaktor werden für den Preis NICHT berechnet.

9.3.1 Rezepturzuschläge

Wird die Grundmenge (in unserem Beispiel bis 200 g) überschritten, dann wird der Rezepturzuschlag für jede neue Menge (in 200 g-Schritten) stufenweise um jeweils 50 % des Rezepturzuschlags (also 3 Euro) erhöht (◘ Tab. 9.3).

Für manche parenteralen Zubereitungen bestehen gesonderte Zuschlagsregelungen. Sofern keine speziellen Verträge zwischen den Apothekerverbänden und den Krankenkassen geschlossen wurden, gelten folgende Zuschläge:

zytostatikahaltige Lösungen	90 Euro
Lösungen mit monoklonalen Antikörpern	87 Euro
antibiotika- und virustatikahaltige Lösungen	51 Euro
Lösungen mit Schmerzmitteln	51 Euro
Ernährungslösungen	83 Euro
Calciumfolinatlösungen	51 Euro
sonstige Lösungen	70 Euro

◘ **Tab. 9.2** Rezepturzuschläge

Art der Zubereitung	Grundmenge bis	Zuschlag
Zubereitung aus einem oder mehreren Stoffen	500 g	3,50 Euro
Teemischung	300 g	3,50 Euro
Lösung ohne Wärme	300 g	3,50 Euro
Mischen von Flüssigkeiten	300 g	3,50 Euro
Puder, ungeteilte Pulver	200 g	6,00 Euro
Salben, Pasten	200 g	6,00 Euro
Suspensionen, Emulsionen	200 g	6,00 Euro
Lösungen mit Wärme	300 g	6,00 Euro
Mazerationen	300 g	6,00 Euro
Aufgüsse, Abkochungen	300 g	6,00 Euro
Pillen, Tabletten, Pastillen	50 Stück	8,00 Euro
abgeteilte Pulver, Kapseln	12 Stück	8,00 Euro
Zäpfchen, Vaginalkugeln	12 Stück	8,00 Euro
Arzneimittel mit Sterilisation, Sterilfiltration oder aseptischer Herstellung	300 g	8,00 Euro
Zuschmelzen von Ampullen	6 Stück	8,00 Euro

◘ **Tab. 9.3** Erhöhung des Rezepturzuschlags aufgrund der Menge; Beispiel: Salben

bis 200 g	bis 400 g	bis 600 g	bis 800 g
6,00 Euro	9,00 Euro	12,00 Euro	15,00 Euro

Apothekeneinkaufspreise netto für die Beispiele und Übungen

(nach: Hilfstaxe für Apotheken, Govi Verlag, Stand 1.2.2021)

Gefäßpreise

Teebeutel 500 g	0,25 Euro	Kruke Unguator 50 g	0,95 Euro
Gewindeflasche 100 ml	0,48 Euro	Kruke Unguator 100 g	1,18 Euro
Weithalsglas 300 ml	1,07 Euro	Kruke Unguator 300 g	2,51 Euro

Stoffpreise

Basiscreme DAC		250 g	1,87 Euro
Clotrimazol		5 g	2,29 Euro
Erdnussöl	1000 ml	916 g	9,60 Euro
Hydrochlorothiazid		10 g	21,00 Euro
Mandelöl	250 ml	228,25 g	8,61 Euro
Mannitol		100 g	4,09 Euro
Siliciumdioxid, hochdispers		100 g	13,90 Euro
Talkum		1000 g	12,05 Euro
Triamcinolonacetonid		1 g	7,80 Euro
Weiche Creme DAC		250 g	9,97 Euro
Zinkoxid		1000 g	20,40 Euro

Beispiel:

Berechnen Sie die Rezepturmengen und den Apothekenabgabepreis.

Verordnung

Clotrimazol	2 %
Zinkoxid	15 %
Talkum	15 %
Erdnussöl	10 %
Weiche Creme DAC	ad 300,0

NOCH MEHR INFOS

Rechenweg online

Ergebnisse

Verordnung		**Menge für 300 g**	$\frac{Preis}{Menge}$ **laut Taxe**	**anteiliger AEK_{netto}**
Clotrimazol	2 %	6,00 g	$\frac{2{,}29\ Euro}{5\ g} =$	2,75 Euro
Zinkoxid	15 %	45,00 g	$\frac{20{,}40\ Euro}{1000\ g} =$	0,92 Euro
Talkum	15 %	45,00 g	$\frac{12{,}05\ Euro}{1000\ g} =$	0,54 Euro
Erdnussöl	10 %	30,00 g	$\frac{9{,}60\ Euro}{916\ g} =$	0,31 Euro
Weiche Creme DAC	ad 300,0	174,00 g	$\frac{9{,}97\ Euro}{250\ g} =$	6,94 Euro
Gesamteinkaufspreis der Stoffe netto				11,46 Euro

Wirk- und Hilfsstoffe	AEK_{netto} + 90 %	21,77 Euro
Gefäß	AEK_{netto} + 90 %	4,77 Euro
Rezepturzuschlag	6,00 Euro + 50 %	9,00 Euro
Festzuschlag	+ 8,35 Euro	8,35 Euro
AVK_{netto}		43,89 Euro
MwSt	+ 19 %	8,34 Euro
Apothekenabgabepreis	= AVK_{brutto}	= 52,23 Euro

9

Übung 2

1. Berechnen Sie den Apothekenabgabepreis für 100 ml Mandelöl.
2. Berechnen Sie die Rezeptur und den Abgabepreis.

Verordnung

Clotrimazol		2 %
Triamcinolonacetonid		0,1 %
Basiscreme DAC	ad	50,0

3. Berechnen Sie die Rezeptur und den Abgabepreis.

Verordnung: Hydrochlorothiazid-Kapseln 0,5 mg NRF 26.3 Nr. LC

pro Kapsel:

Hydrochlorothiazid		0,0005 g
Mannitol-Siliciumdioxid-Füllmittel	ad	0,275 g
Hartgelatinekapsel Gr. 1		1 Stück

Der Einkaufspreis netto beträgt für die Kapseln und das Weithalsglas zusammen 1,35 Euro.

Das Füllmittel besteht aus 99,5 T Mannitol und 0,5 T Siliciumdioxid.

Der Einwaagekorrekturfaktor für Hydrochlorothiazid beträgt 1,098. Ein Produktionszuschlag von 10 % ist nötig.

9.4 Zuschläge auf Rezepten

In bestimmten Situationen ist zusätzlich zum Abgabepreis des Arzneimittels ein weiterer Zuschlag auf dem Rezept erlaubt. Diese Zuschläge sind:

- Notdienstzuschlag 2,50 Euro inkl. MwSt.
- Zuschlag bei der Abgabe von Betäubungsmitteln oder thalidomid-, lenalidomid- und pomalidomidhaltigen Arzneimitteln (T-Rezept) 4,26 Euro inkl. MwSt.
- Beschaffungskosten für Arzneimittel, die der Großhandel üblicherweise nicht vorrätig hat. Berechnung mit Zustimmung des Kostenträgers in der vereinbarten Höhe.
- Zuschlag für den Botendienst: einmal pro Tag und Lieferort 2,50 Euro zzgl. Umsatzsteuer.

Formelsammlung 10

Prozent

$\frac{Grundwert}{100\,\%} = \frac{Prozentwert}{Prozentsatz}$	$\frac{G}{100\,\%} = \frac{W}{p}$	mit p in %
$Grundwert = \frac{Prozentwert}{Prozentsatz}$	$G = \frac{W}{p}$	mit p als Dezimalzahl
netto → brutto	netto · 1,19 = brutto	regulär
netto → brutto	netto · 1,07 = brutto	ermäßigt
brutto → netto	brutto ÷ 1,19 = netto	regulär
brutto → netto	brutto ÷ 1,07 = netto	ermäßigt

Dichte

$absolute\ Dichte = \frac{Masse}{Volumen}$	$\rho = \frac{m}{V}$	kg/m^3, g/cm^3 oder g/ml
$d_{t_2}^{t_1} = \frac{absolute\ Dichte\ der\ Substanz\ bei\ Temperatur\ t_1}{absolute\ Dichte\ von\ Wasser\ bei\ Temperatur\ t_2}$		keine Einheit

Mischungen

Mischungsgleichung

Gleichung (I): $m_1 + m_2 = m_m$

Gleichung (II): $m_1 \cdot w_1 + m_2 \cdot w_2 = m_m \cdot w_m$

Vereinfachte Mischungsgleichung

$$\frac{Arzt \cdot Arzt}{Apotheker}$$

Mischungskreuz

		Berechnung	Massenanteile
Ausgangs-konzen-tration A1		Z – A2 = T1	T1 = Anteil A1
	Zielkonzen-tration Z		+
Ausgangs-konzen-tration A2		A1 – Z = T2	T2 = Anteil A2
			T1 + T2 = Anteil Z

Einwaagekorrekturfaktor

Der Faktor mit dem Wassergehalt kann entfallen, wenn kein Trocknungsverfahren angewandt wurde.

Korrekte Substanz

$$f = \frac{Soll\text{-}Gehalt}{Ist\text{-}Gehalt} \cdot \frac{100\,\%}{100\,\% - Wassergehalt}$$

Abweichende Substanz

$$f = \frac{Soll\text{-}Gehalt}{Ist\text{-}Gehalt} \cdot \frac{100\,\%}{100\,\% - Wassergehalt} \cdot \frac{M_{verwendet}}{M_{verordnet}}$$

Kapseln

Einwaage Wirkstoff/Wirkstoffmischung

m_{wM} = verordnete Wirkstoffmenge je Kapsel · Anzahl der Kapseln $\cdot f \cdot f_p \cdot f_{SiO2}$

Dabei ist:

- f = Einwaagekorrekturfaktor
- f_p = Produktionszuschlag
- f_{SiO2} = Faktor für den Fließmittelzusatz

Suppositorien

Eichwert

$$\text{Eichwert} = \frac{\textit{Masse von n Zäpfchen}}{n}$$

$$\overline{E} = \frac{E}{n}$$

Masse Suppositoriengrundlage

$$m(Grundlage) = n \cdot (\overline{E} - f \cdot m(Wirkstoff))$$

Dabei ist

- $m(Grundlage)$ die Masse an Grundlage für alle Zäpfchen des Ansatzes,
- n die Anzahl der Zäpfchen im Ansatz, also verordnete Menge + Mehransatz,
- $\overline{E}$ die durchschnittliche Masse eines Zäpfchens aus reiner Grundlage (=Eichwert)
- f der Verdrängungsfaktor und
- $m(Wirkstoff)$ die Masse an Wirkstoff (mit Einwaagekorrekturfaktor) oder Hilfsstoff in einem Zäpfchen.

Augentropfen

Isotonisierungsmittel

$$\text{Prozentanteil Isotonisierungsmittel} = \frac{0{,}52 - n \cdot \Delta T_s}{\Delta T_I}$$

n = Wirkstoff- bzw. Hilfsstoffgehalt in Prozent in der Lösung

ΔT_s = Spezifische Gefrierpunktserniedrigung einer 1%igen Lösung des Wirk- bzw. Hilfsstoffes gegenüber reinem Wasser in K

ΔT_I = Spezifische Gefrierpunktserniedrigung des Isotonisierungsmittels gegenüber reinem Wasser in K

0,52 = Gefrierpunktserniedrigung der Tränenflüssigkeit gegenüber reinem Wasser in K

Spezifische Gefrierpunktserniedrigung ΔT_S

$$\Delta T_S = \frac{L_{iso} \cdot 10}{M_r}$$

Dabei ist M_r die relative Molekülmasse des Stoffes.

Stöchiometrie

Molare Masse

$$\text{Molare Masse} = \frac{\text{Masse}}{\text{Stoffmenge}} \qquad M = \frac{m}{n} \qquad \text{g/mol}$$

Stoffmengenkonzentration

$$\text{Stoffmengenkonzentration} = \frac{\text{Stoffmenge}}{\text{Volumen}} \qquad c = \frac{n}{V} \qquad \text{mol/l}$$

Trocknungsverlust

$$\text{Trocknungsverlust} = \frac{m_w}{m_1} \cdot 100\,\% = \frac{\text{Masseverlust durch Trocknung}}{\text{Masse der Substanz vor der Trocknung}} \cdot 100\,\%$$

Gehalt

$$\text{Gehalt} = \frac{\text{Masse laut Titration}}{\text{Einwaage}}$$

Faktoren für Titrationen

$$\text{Faktor} = \frac{\text{tatsächliche Einwaage}}{\text{theoretische Einwaage}}$$

$$\text{Faktor} = \frac{\text{tatsächlicher Verbrauch}}{\text{theoretischer Verbrauch}}$$

Quellen & Literatur

AMPreisV, zuletzt aufgerufen am 05.09.2022

DAC/NRF https://dacnrf.pharmazeutische-zeitung.de/

Eurpäisches Arzneibuch, 10. Auflage, Deutscher Apotheker Verlag, Stuttgart

Hilfstaxe für Apotheken, Govi Verlag, Stand 01.02.2021

https://zentrallabor.com/apothekenpraxis/kapselherstellung/, zuletzt abgerufen am 05.09.2022

PTAheute, Nr. 13&14, 2022, Rechnen in der Rezeptur, Teil 3: Einwaagekorrektur und Einwaagekorrekturfaktor, Prof. Dr. Heiko A. Schiffter-Weinle

Skript Fachrechnen 11/2021–22, PTA-Schule Nürnberg, Brüchert C.

Skript Fachrechnen 12/2021–22, PTA-Schule Nürnberg, Schlich-Prößl A.

Skript Galenische Übungen 11/2021–22, PTA-Schule Nürnberg, Wittmann J. et. al.

Tabellen für die Rezeptur, Govi Verlag, 12. Auflage 2022

www.gesetze-im-internet.de

www.periodensystem-online.de, zuletzt aufgerufen am 05.09.2022

Bildnachweis

Abb. 1.1: © Deutscher Apotheker Verlag/Claudia Brüchert

Abb. 1.2: © Adobe Stock/Petair, Adobe Stock/Yuriy Afonkin, Adobe Stock/askaja

Abb. 1.3: © Adobe Stock/jojoo64, Adobe Stock/Ljupco Smokovski, Adobe Stock/Cherries

Abb. 1.4: © Adobe Stock/Ram Studio, Adobe Stock/noombluesman, Adobe Stock/PIXMatex

Abb. 3.1: © Deutscher Apotheker Verlag/Claudia Brüchert

Abb. 3.2: © Europäisches Arzneibuch/European Pharmacopoeia (Ph. Eur.)

Abb. 4.1: © Deutscher Apotheker Verlag/Claudia Brüchert

Abb. 5.1: © Axel Schunk, www.experimente.axel-schunk.de

Abb. 5.2: © Deutscher Apotheker Verlag/Claudia Brüchert

Abb. 7.1: © Shutterstock/Inspiring

Abb. 8.1: © Deutscher Apotheker Verlag/ Romer et. Al. Chemie für PTA. 10. Aufl., Deutscher Apotheker Verlag, Stuttgart 2021

Abb. 8.2: © Deutscher Apotheker Verlag/Claudia Brüchert

Abb. 8.3: © Deutscher Apotheker Verlag/Claudia Brüchert

Abb. 8.4: © Deutscher Apotheker Verlag/Claudia Brüchert

Abbildungen ohne Nummer:

S. 1: © Adobe Stock/Aamon
S. 2: © Adobe Stock/Kenishirotie
S.3 : © Adobe Stock/graja
S. 5: © Shutterstock/SvetlanaSF
S. 11: © Adobe Stock/Maren Winter
S. 20: © Adobe Stock/irissca
S. 25: © Adobe Stock/styf
S. 26: © Adobe Stock/chamillew
S. 30: © Adobe Stock/Anusorn
S. 37: © Shutterstock/AmyLv
S. 39: © istock/Gökçen TUNÇ
S. 42: © Adobe Stock/Jan Engel
S. 47: © Shutterstock/petrroudny43
S. 52: © Adobe Stock/Fokussiert
S. 56: © Deutscher Apotheker Verlag/Claudia Brüchert
S. 58: © Adobe Stock/pat_hastings
S. 63: © Adobe Stock/kmiragaya
S. 70: © Shutterstock/Vladimir Gudvin
S. 75: © Adobe Stock/BillionPhotos.com
S. 84: © Adobe Stock/Alena Kos
S. 85: © iStock/JBalla
S. 91: © Adobe Stock/cuhle-fotos
S. 93: © iStock/Omm-on-tour
S. 100: © Adobe Stock/ Arpon
S. 101: © Adobe Stock/Zoya Miller
S. 106: © iStock/Volodymyr Kalyniuk
S. 108: © Deutscher Apotheker Verlag/ Romer et. Al. Chemie für PTA. 10. Aufl., Deutscher Apotheker Verlag, Stuttgart 2021
S. 112: © Pexels/cottonbro studio
S. 116: © Adobe Stock/taniasv
S. 117: © iStock/alvarez
S. 119: © Shutterstock/megaflopp

Sachregister

Die Autorin

Claudia Brüchert

Studium der Pharmazie an der Friedrich-Alexander-Universität Erlangen-Nürnberg von 1994 bis 1998. Praktisches Jahr in der pharmazeutischen Industrie und in der öffentlichen Apotheke. Anschließend in der öffentlichen Apotheke als angestellte Apothekerin tätig. 2007 Weiterbildung Homöopathie und Naturheilverfahren. Seit 2008 Lehrtätigkeit an der PTA-Schule Nürnberg unter anderem für die Fächer Chemie, Fachrechnen, Gefahrstoffkunde und Gerätekunde. Parallel dazu Tätigkeit in der öffentlichen Apotheke und mehrmalige Vertretung für Chemie und Biologie an einem Gymnasium.